数学建模思想方法
及其问题研究

郭 伟◎著

吉林大学出版社

图书在版编目(CIP)数据

数学建模思想方法及其问题研究/郭伟著.--长春：吉林大学出版社,2017.4(2024.1重印)

ISBN 978-7-5692-0075-1

Ⅰ.①数… Ⅱ.①郭… Ⅲ.①数学模型—研究 Ⅳ.①O141.4

中国版本图书馆 CIP 数据核字(2017)第 158015 号

书　　名　数学建模思想方法及其问题研究
　　　　　SHUXUE JIANMO SIXIANG FANGFA JIQI WENTI YANJIU

作　　者　郭　伟　著
策划编辑　孟亚黎
责任编辑　孟亚黎
责任校对　樊俊恒
装帧设计　崔　蕾
出版发行　吉林大学出版社
社　　址　长春市朝阳区明德路 501 号
邮政编码　130021
发行电话　0431－89580028/29/21
网　　址　http://www.jlup.com.cn
电子邮箱　jlup@mail.jlu.edu.cn
印　　刷　三河市天润建兴印务有限公司
开　　本　787×1092　1/16
印　　张　12
字　　数　156 千字
版　　次　2017 年 11 月　第 1 版
印　　次　2024 年 1 月　第 2 次
书　　号　ISBN 978-7-5692-0075-1
定　　价　42.00 元

前　　言

　　数学是人类发挥意识能动性认识自然并改造自然最有效的思维工具之一,建立完善的数学研究体系是各个学科走向成熟的重要标志.数学建模是数学理论与实际问题之间必不可少的中间环节,在各个领域的科学研究中都发挥着极其重要的作用.

　　当今的世界,在科学研究不断深入的同时,大数据潮流又风起云涌,定量化、数字化、精确化已经成为了各领域研究的主流趋势.借助先进的计算机技术,利用数学建模的手段去研究实际问题,已经成为人类探索和研究自然界与人类社会的基本方法之一,能否建立合理的数学模型是科学研究成功与否的主要因素.故而,对数学建模的思想方法及其典型问题展开研究,在理清数学建模基本脉路的同时着力发掘创新点,无疑是一项富有价值的研究活动.

　　对数学建模进行梳理可以发现,建模的思想方法可以分成传统思想方法、软件思想方法以及其他思想方法,而建模问题则可分为"小数据"建模问题、"大数据"建模问题以及"无数据"建模问题.而这些思想方法与问题之间又有着内在的联系,传统思想方法主要用于处理"小数据"建模问题,"大数据"建模问题则必须借助于计算机及软件思想方法,而对于一些"无数据"建模问题则必须根据具体情况开辟其他的建模思想及方法.立足于此,本书分4章展开分析研究.第1章对数学建模的基本概念、方法及一般步骤进行了概述;第2章分析讨论了数学建模的传统思想方法及"小数据"建模问题,主要包括直接方法、模拟方法、类比方法、初等分析方法、微分方程方法、数学规划方法及其相关的"小数据"建模问题;第3章分析讨论了软件思想方法及"大数据"建模问题,主要是对 Excel、LINGO、SPSS、Maple、MATLAB 等主流的数字建模软件及其建模问题进行了深入研究;第4章则分析讨论了其他常用的建模思想方法及"无数据"建模问题,包括综合评价法、模糊综合评判法、层次分析法及其所对应的"无数据"建模问题.

　　本书语言流畅、逻辑清晰,在分析阐述建模思想方法方面力求深入和创新,在研究建模问题方面则注重时效性和实用性,分析讨论了大量当今热点问题的数学建模及求解过程.

　　作者在撰写本书的过程中参考了大量的学术文献,在此向所参考文献的作者表示真诚的感谢.限于作者水平,书中难免有疏漏之处,欢迎同行业专家学者批评指正.

作　者

2017 年 3 月

目　　录

第 1 章 概　述

　　数学是宇宙的语言,是人类研究客观世界中各类问题的思维工具.随着科学研究的不断深入,各学科实际问题的研究不断趋向精确化、定量化和数字化,这些都需要通过建立数学模型来实现.于是数学模型便成为连接数学和实际问题的有效桥梁,在人类的生产、经营、管理、科研等各种活动中均有着非常具体的应用.本章将在概述数学建模的概念、方法以及一般步骤的基础上分析一些具体的数学建模示例,并给出培养数学建模能力的一些建议.

1.1　从现实现象到数学建模

　　现实世界千变万化、异彩纷呈.自人类诞生以来,人们就不断运用自己的智慧和力量认识并改造自然世界,取得了灿烂夺目的物质文明与精神文明成果.就物质文明成果而言,有功能强大而又运行快捷的计算机,豪华、舒适的各种新型汽车,银鹰展翅的各种飞机,飘游在浩瀚太空中的人造地球卫星与宇宙飞船,拔地参天的各种高楼大厦,雄伟壮观的大型水电站等,数不胜数.在精神文明成果方面,有研究宇宙天体运行规律的天体物理学,研究微观粒子结构的原子物理与粒子物理学,研究生命特征及治疗各种疾病的生物学与医学,研究各种产品生产自造流程的制造学,研究各种生产、经营过程管理的管理学等,这些学科门门博大精深,代表着人类高超的意识能动性,反映着人类改造自然的强大自信心.

现实世界中所有被人类认识、研究、制造、改造的对象,有的可以原封不动地拿来供人们感受和研究,但是大多数只能以实物模型、照片、图表、公式、程序等形式各样的模型呈现在人们的眼前,以供人们认识和研究.通常,人们把自己所关心、研究或者从事生产、管理的实际对象统称为原型.而把为了某个特定目的将原型的某一部分信息简缩、抽象、提炼而构成的原型替代物(实物模型、照片、图表、公式、程序等)统称为模型.换言之,模型是所研究原型某些方面或某些层次的近似表示;是根据实验、图样放大或缩小而制作的样品;是一种用于展览、实验、研究或指导生产的模子.需要特别注意的是,模型不是原型原封不动的复制,根据目的的不同,一个原型可以有许多模型,例如放在展厅里的汽车模型在外形上十分逼真,但不一定会跑;而参加汽车模型比赛的汽车模型就具有良好的行驶性能.模型可以分为物质模型(形象模型)和理想模型(抽象模型)两大类,分别概述如下:

(1)物质模型.又称形象模型,具体包括直观模型、物理模型等.其中直观模型指那些供展览用的实物模型以及玩具、照片等,这类模型主要追求外观上的逼真,能够给人一目了然的感觉;物理模型主要指科技工作者为了一定目的,根据相似原理构造的模型,它通常分实物模型(根据相似性理论制造的按原系统比例缩小、放大或保持不变的实物)和类比模型(在不同的物理系统中按照共同规律制出的物理意义完全不同的比拟和类推的模型)两类,它不仅可以显示原型的外形或某些特征,而且还可以用来进行模拟实验,间接研究原型的某些规律,例如风洞中的飞机模型可以用来实验飞机在气流中的空气动力学特征.

(2)理想模型.又称抽象模型,具体包括思维模型、符号模型和数学模型.其中思维模型指人们通过对原型的反复认识,将获取的知识以经验的形式直接储存在大脑中,从而根据思维或直觉作出相应的决策;符号模型指在一些约定或假设下借助于专门的符号、线条等,按一定的形式组合起来的描述模型,它具有简明、方便、目的性强及非量化等特点;数学模型是为了研究特定的实际系统或现象而设计的数学结构,图示、符号、模拟和实验结构都包括在内.

数学模型是本书主要研究的对象,故而在这里对其进行较为深入的分析讨论.简单地说,数学模型就是所研究原型某种特征本质的数学表达式,或是用数学术语对部分现实世界的描述,即用数学式子(如函数、图形、方程等)来描述所研究的客观对象或系统在某一方面存在的规律.

由于所研究对象形式各样,加之人们研究问题的目的与所用数学方法也有所不同,数学模型有很多类型和分类方法.按照研究方法和对象的数学特征可分为初等模型、几何模型、概率模型、统计模型、图论模型、微分方程模型、层次分析法模型、系统动力学模型、灰色系统模型;按照系统的性质可分为微观模型、宏观模型、集中参数模型、分布参数模型;按照模型中所含变量的离散与连续可分为离散模型和连续模型;按照研究过程是否考虑随机因素的影响可分为确定性模型和随机模型;按照从机理还是经验(数据)出发可分为机理模型和经验模型;按照时间关系可分为静态模型和动态模型;按照模型应用领域(或所属学科)可分为人口发展模型、交通模型、环境模型、生态模型、经济模型、城镇规划模型、水资源模型、再生资源利用模型、污染模型;按照对研究对象的了解程度可分为白箱模型、灰箱模型、黑箱模型;按照建模目的可分为分析模型、预测模型、优化模型、决策模型、控制模型等.

数学模型可以进一步加以区分.有些现有的数学模型与某个特殊的实际现象是一致的,从而可以用来研究该现象.有些数学模型是专门用来构建并研究一种特定现象的.如图 1-1 所示,画出了模型之间的这种区分.从某个实际现象出发,可以通过构建一个新的模型或选择一个现有的模型数学地表示该现象;另一方面,可以通过实验或某类模拟来重复该现象.

建立数学模型并加以求解的整个过程就称为数学建模,简称建模.具体地说,数学建模就是从考察具体问题的数据出发,通过抽象、简化、假设、引进变量等处理过程后,将实际问题用数学式表达,建立起数学模型,然后运用数学方法及计算机工具加以求解.如图 1-2 所示,是从考察实际数据开始的数学建模流程示意图.数学建模的全过程分为表述、求解、解释和验证四个阶段.表述是根据建模目的和信息将实际问题"翻译"成数学问题,即将现实问题"翻译"成抽象的数学问题,属于归纳法;数学模型的求解是选择适当的数学方法求得数学模型的解答,则属于演绎法;解释是将数学语言表述的数学模型的解答"翻译"回实际对象,给出分析、预报、决策或者控制的结果;检验是用现实对象的信息对数学模型进行检验,这是数学建模最重要的一个环节.数学建模的过程也揭示了现实对象与数学模型的关系.一方面,数学模型是将现象加以归纳、抽象的产物,它来源于现实,又高于现实;另一方面,只有当数学建模的结果经受住现实对象的检验时,才可以用来指导实际,完成"实践—理论—实践"这一循环.通过数学建模,人们能够方便地获得相关实际问题的数学结论,并且可以借助这些结论来预测或规划未来.

图 1-1 数学模型的性质

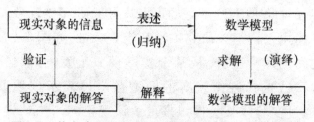

图 1-2 从考察实际数据开始的数学建模流程示意图

在这里需要特别指出的是,一次数学建模的好坏并不在于是否采用了高深的数学方法,而是取决于它是否拥有良好的应用效果.对于某个具体问题,如果可以用初等方法和高深方法建立两个数学模型,而应用效果相差不大,那么受欢迎的一定不是后者,而是前者.

随着科学技术的不断发展,数学正以空前的广度和深度向一切领域渗透,加之越来越多的复杂数学运算可以借助先进的计算机技术来完成,数学建模越来越受到人们的重视.数学建模对科学研究与工程技术应用具有如下几方面的重要意义:

(1)数学建模可以促进对数学科学重要性的再认识.数学的语言本身比较抽象,不容易掌握,加之传统的数学教学比较形式、抽象,只有定义、定理、推导、证明、计算,使得人们对数学重要性的认识比较空泛.数学建模可以使数学与实际问题更为密切和广泛地结合,进而使数学学科的重要性显得更实在、更具体,可以促使更多人加深对数学科学重要性的认识.

(2)数学建模在一般工程技术领域具有极其广泛的应用.在当今社会的诸多领域,数学建模都有非常深入、具体的应用.例如,分析药物的疗效,用数值模拟设计新的飞机翼型,生产过程中产品质量预报,经济增长预报,最大经济效益价格策略,费用最少的设备维修方案,生产过程中的最优控制,零件设计中的参数优化,资源配置,运输网络规划,排队策略,物质管理,等等.

(3)数学建模是几乎所有高新技术领域必不可少的工具.经验表明,无论是通信、航天、微电子、智能化等高新技术本身的发展,还是将这些高新技术用于传统工业去创造新工艺、开发新产品,计算机技术支持下的数学建模和模拟都是经常使用的有效手段.数学建模、数值计算和计算机图形学等相结合形成的计算机软件,在许多高新技术产品中起着核心作用,被认为是高新技术的特征之一.

(4)数学建模是某些新型学科产生、发展与应用的关键步骤和基础.随着数学向非物理领域的渗透,当用数学方法研究这些领域中的定量关系时,就必须进行相应的数学建模,进而才能形成新型的交叉学科.

(5)大数据时代数学建模具有着极其重要的地位.大数据时代已经到来,巨大的数据信息正以爆炸之势涌入计算机.如何让计算机正确地识别、分析、整理这些数据,并将正确的结果反馈给人们,这些当然要求助于数学模型.

1.2　数学建模的原则、方法与一般步骤

建立实际问题的数学模型,尤其是建立抽象程度较高的模型是一种创造性的劳动.不能期望找到一种一成不变的方法来建立各种实际问题的数学模型.现实世界中的实际问题是多种多样的,而且大多比较复杂,所以数学建模的方法也是多种多样的.但是,数学建模方法和过程也有一些共性的东西,掌握这些共同的规律,将有助于数学建模任务的完成.下面就对数学建模的基本原则、常用方法以及一般步骤进行归纳总结.

1.2.1　数学建模的基本原则

无规矩则不成方圆,做任何事情都需要遵守一定的原则,数学建模同样如此.通常,为了使得所建立的数学模型能够充分反映研究对象或问题的特征,建模过程必须遵守如下原则:

(1)数学模型必须具备足够的精确度.具体地说,就是要把所研究对象或问题本质的性质和关系反映进去,把非本质的东西去掉,而又不影响反映现实对象或问题的本质的真实程度.

(2)数学模型既要精确,又要尽可能简单.在具体的建模实践中,有些数学模型虽然在理论上十分精确,但是计算过于复杂,往往难以求出真正的解,这样的建模是不可取的,起码不能算是好的数学建模.同时,如果一个简单的模型已经可以使某些实际问

题得到满意的解决,那就没必要再建立一个复杂的模型.因为构造一个复杂的模型并求解它,往往要付出较高的代价,在时间、精力甚至经济成本上造成浪费.

(3)建立数学模型时要尽量借鉴已有的标准模型.数学模型往往会用于学术交流或者实践指导,所以必须在形式上满足一定的标准,以便于交流.同时借鉴一些已有的、相关的、标准形式的模型,可以从中获得一些启发.

(4)建立数学模型时必须有充分的依据.数学建模的目的就是要让相关实际问题精确化、定量化、数字化,并且便于人们去分析处理.故而,建模必须要依据科学规律、经济规律来建立有关的公式和图表,并要注意使用这些规律的条件.只有这样,所得到的数学模型才能正确反映客观事实.

1.2.2　数学建模的常用方法

针对具体问题的数学建模方法多种多样,这里仅对一些最基本、最常用的一般方法进行分析.

1.机理分析法

根据对客观事物特性的认识,分析其因果关系,通过推理分析找出反映事物内部机理的数量规律,这种建立数学模型的方法称为机理分析法.机理分析法又可根据所应用的数学方法的不同而分为许多具体的方法,如比例分析法、代数法、逻辑法、微分方程法、最优化法等.一般而言,如果对研究对象了解深刻,并掌握了一些机理理论,模型也要求具有明确反映内在特征的物理或现实意义,可以采用机理分析法.例如,"牛顿第二定律"建立过程中使用的即是机理分析法.

2.测试分析法

由于对客观事物的特性不能准确认识,看不清其内部机理,而只能通过实际观测获得一定量的观测数据,通过观测数据的分析和处理,按照一定的准则在某一类模型中找出与观测数据吻合得最好的模型,这种建立数学模型的方法称为测试分析法.测试分析法是一套完整的数学方法,具体包括回归分析法、时间序列分析法、多元统计分析法、聚类分析法、主成分分析法与因子分析法等.用测试分析法建立的模型一般并没有明确的物理意义.通常情况下,如果所研究对象的内在规律基本上不清楚,模型也不需要反映内在特性,如仅对于输出做预报等,那么可以尝试用测试分析法.例如,"天气预报模型"就是使用测试分析法建立的.

3.综合分析法

对于某些实际问题,人们常将机理分析法与测试分析法结合起来使用,即先用机理分析法确定数学模型的结构,再用测试分析法确定模型中的参数,这类方法称为综合分析法.例如,"人口预测模型"的建立过程就采用了综合分析法.

4.其他方法

数学建模的其他常用方法还有计算机仿真法、因子实验法、人工现实法等.其中计算机仿真(模拟)实质上是统计估计方法,等效于抽样实验,主要分离散系统仿真与连续系统仿真两种;因子实验法是在系统上做局部实验,再根据实验结果进行不断分析修改,求得所需的模型结构;人工现实法具体是指基于对系统过去行为的了解和对未来希望达到的目标,并考虑到系统有关因素的可能变化,人为地组成一个系统.

1. 2. 3 数学建模的一般步骤

建立数学模型没有固定的模式,通常与实际问题的性质和建模目的有关,但是基本上遵循如图 1-3 所示的一般步骤.

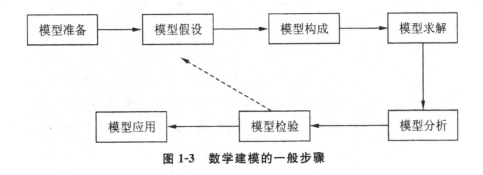

图 1-3　数学建模的一般步骤

1. 模型准备（调查研究）

数学建模的首要步骤就是模型准备，即进行调查研究或问题分析．对实际问题进行全面、深入细致的调查和研究，弄清问题的背景和内在机理，明确所解决问题的目的，是数学建模的前提和必要准备．科学技术的发展历史表明，很多问题没有得到很好的解决，其原因就是没有抓住问题的本质．在数学建模时，首要关键就是根据对实际问题调查所得到的第一手资料弄清问题的来龙去脉，抓住问题的本质．

2. 模型假设

具体实践中所面对的问题往往涉及面广，而且错综复杂，如果不对实际问题进行简化假设，一般很难将其转化成数学问题．即使有时候可以，那么所转化成的数学问题也是极其复杂、难以求解．因此要建立一个数学模型，没有必要对现实问题面面俱到、无所不包，只要能反映所需要的某一个侧面就可以了．尽管这样做会使得所建立的数学模型有一定的误差，但只要误差在允许的范围内就是可行的．做假设时，既要分析所研究问题属于哪个领域，可能涉及哪些数学理论和相关领域的客观规律；又要充分发挥想象力、洞察力和判断力．但是，对问题的抽象、简化也不是无条件的，必须按照假设的合理性原则进行．首先，根据对象的特征和建模的目的，简化掉那些与建立模型无关或关系不大的因素；

其次,所给出的假设条件要简单、准确,有利于构造模型;最后,假设条件要符合情理,简化带来的误差应满足实际问题所能允许的误差范围,不合理或过于简单的假设会导致模型不能正确反映所研究问题.总而言之,在数学建模时要善于抓住问题的本质因素,忽略次要因素,尽量将问题理想化、简单化、线性化、均匀化.另外,在进行模型假设时,如果所假设的模型与实际问题比较吻合,则采用该假设;如果假设与实际问题不吻合,就要修改假设,使之与现实问题尽可能吻合.

3. 模型构成

在模型假设完成之后,就可以着手构建模型了.根据所作的假设,首先分析涉及哪些量,哪些是常量,哪些是变量,哪些是已知量,哪些是未知量,哪些是自变量,哪些是因变量,以及这些量之间的关系.同时还要分清变量的类型,是确定性的,还是随机的.然后根据建模目的和要采用方法的需要,分清哪些量是主要的,哪些量是次要的.抓住主要的量,放弃次要的量,利用适当的数学工具和相关领域的理论,通过联想和创造性的发挥及推理,建立描述所研究对象的数学结构,即构建数学模型.在建立数学模型时还要注意以下几点:

(1)究竟采用什么数学工具来建立数学模型,要根据问题的特征、建模的目的和要求及建模人员的数学特长而定.数学的任意分支在构造数学模型时都可能用到,而同一实际问题也可以构造出不同的数学模型,通常在能够达到预期目的的前提下,所用的数学工具越简单越好.

(2)究竟采用什么方法来建立数学模型,要根据实际问题的性质和建模假设所给出的信息而定.构建数学模型的每一种方法都既有优点又有缺点,在构造模型时,可以单独采用,也可以联合采用,以取长补短,达到建模的目的.需要特别注意的是,随着计算机技术的发展,计算机仿真已经成为一种重要的构造模型的基本方法.

（3）为了使得所建模型能够与现实问题较好地吻合，建模要有足够的精度，既要把问题（原型）本质的东西和关系反映出来，把非本质的东西去掉，还要不影响反映现实的真实程度.

（4）要尽量用简单的模型（如线性化、均匀化等）来描述客观实际.因为模型过于复杂，则求解困难或无法求解，几乎没有实际应用价值.

4. 模型求解

数学建模本身不是最终目的，而是为了研究或解决实际问题.故而在建立数学模型之后，必然要对其进行数学上的求解.求解数学模型的方法很多，主要包括解方程、图解、定理证明、逻辑推理、数值计算等.由于许多数学模型比较复杂，求解会十分困难，这时常常需要根据实际情况对其进行简化，使得解析或数值求解成为可能.对于模型参数的选取和确定，要使模型的计算值与实际最接近.另外，在模型求解的过程中，还要注意对模型求解的各步结果根据问题背景作必要的取舍.最后需要特别指出的是，计算机技术和数学软件的使用，不仅可以使数学模型的求解变得快速准确，而且可以使一些以往无法求解的数学模型的求解成为可能.

5. 模型分析

在解出数学模型的结果之后，还要根据建模目的和要求对其进行数学上的合理性分析.有时要根据问题的性质分析变量之间的依赖关系或稳定状态，有时是根据所得结果给出数学上的预报，有时则可能要给出数学上的最优决策或控制.除此之外，还需要进行误差分析、模型数据的灵敏性分析等.

6. 模型检验

一个较成功的模型不仅能解释已知现象，还应能预测一些未知的现象，并能被实践所证明.在一次建模过程中，模型分析完成之后,就要把求解与分析的结果"翻译"到实际问题中去,并用实际的现象、数据等检验模型的合理性和适用性. 这一步对于建模的成败是非常重要的,要以严肃认真的态度来对待. 如果由模型计算出来的理论数值与实际数值比较吻合,则模型是成功的(至少是在过去的一段时间里),如果理论数值与实际数值差别太大,则模型是失败的. 一般来说,如果检验结果与实际不符或部分不符,并且能肯定建模和求解过程无误的话,则可以断定问题出在模型假设上,这就需要重新进行模型假设,构建新的模型,并进行求解和模型分析. 实际问题比较复杂,但由于理想化后抛弃了一些因素,因此,建立的模型与实际问题就不完全吻合了. 此时,就应该修改或补充假设,对实际问题中的主次因素再次分析,如果某一因素因被忽略而使模型失败或部分失败,则再次建立模型时就应该把它考虑进去. 当然,检验结果与实际不符或部分不符也可能是建模和求解过程引起的,这时就要修改模型或重新求解. 修改时可能去掉或增加一些变量;有时还要改变一些变量的性质,如把变量看成常量,常量看成变量,连续变量看成离散变量,离散变量看成连续变量等;有时则需要调整参数,或者改换数学方法. 在具体建模实践中,有些模型总是要经过几次反复,不断完善,才能使得检验结果在某种程度上达到令人满意的效果. 最后还需要特别指出,计算机已经成为模型分析、模型检验的必备工具,合理地借助计算机不仅可以节约大量的时间、人力和经费,而且可以对一些现实中无法检验的模型进行模拟检验.

7. 模型应用

数学建模的最终目的就是模型应用. 同时,模型的应用也是对模型的最客观、最公正的检验. 一个成功的数学模型,必须根据建模目的将其用于分析、研究和解决实际问题,并充分发挥其在生产和科研中的特殊作用,如节省开支、减少浪费、增加收入、预测未来等. 同时,每一个成熟的数学模型都是在应用中千锤百炼、不断完善的.

1.3 数学建模示例——人、狗、鸡、米 过河问题和人口预测问题

前文对数学建模的概念、意义、原则、方法以及一般步骤进行了比较全面的概述,接下来分析两个数学建模的典型示例.

1.3.1 人、狗、鸡、米过河问题

人、狗、鸡、米过河问题是一个人尽皆知而又十分简单的智力游戏,具体描述如下:

某人要带狗、鸡、米过河,但小船除需要人划外,最多只能载一物过河,而当人不在场时,狗要咬鸡、鸡要吃米,问此人应如何过河才能将狗、鸡和米都安全地带过河.

该问题既可以经过逻辑思索的方法来建模,也可以利用计算机软件模拟来完成.接下来,就先通过数学建模的一般步骤,利用逻辑推理的方法来建立数学模型.这一问题看似简单,但又有些烦琐,要想彻底把问题搞清楚,找出最优渡河方案,还必须使用穷举法.在具体实践中,如果遇到涉及穷举的问题,最好的办法还是借助计算机来模拟.故而,在这里用计算机模拟来对采用逻辑推理方法建立的数学模型进行检验.

1. 模型准备(问题分析)

初始时刻人、狗、鸡、米在河这边,可视为初始状态;每次过河,河岸两边的状态发生改变;全部过河后,人、狗、鸡、米都到河的另一边,可视为终止状态,所以这是一个状态转移问题.过河时,人应对船上的载物作出决策,在保证安全的前提下,在有限步骤内,使其全部过河.解决此问题的关键是如何将每个状态、每次安全过河用数学语言进行描述,并设计相应的控制策略保证所作

决策的合理性.

2.模型假设

这个问题并不复杂,用不着做过多的简化,只需排除外界其他因素的影响,只考虑问题给定的条件,即:

(1)船除了需要人划以外,每次最多只能载一物过河;

(2)当人不在场的时候,由于生物的本性,鸡要去吃米,而狗要去吃鸡.故人不可以将"狗与鸡"或"鸡与米"同时留在河一边(此岸或对岸),而自己前往河岸的另一边.

3.模型构成

为了便于应用数学理论来处理问题,把问题中所涉及的对象(人、狗、鸡、米)以及他们的过河状态都尽可能地抽象成数学符号.人、狗、鸡、米分别用 $i=1,2,3,4$ 来表示,在此岸时记为 $x_i=1$,在不在此岸时记为 $x_i=0$.那么,就可以用四维向量

$$s=(x_1,x_2,x_3,x_4)$$

表示人、狗、鸡和米这 4 个事物在此岸的状态,而用四维向量

$$s^*=(1-x_1,1-x_2,1-x_3,1-x_4).$$

表示人、狗、鸡和米这 4 个事物在彼岸的状态.而 s^* 可以视为 s 反状态.

根据实际情况,s 的允许状态集合为

$$S=\{(1,1,1,1),(1,1,1,0),(1,1,0,1),(1,0,1,1),(1,0,1,0)\}.$$

与其相对应(注意这里的对应很重要)的反状态集合为

$$S^*=\{(0,0,0,0),(0,0,0,1),(0,0,1,0),(0,1,0,0),(0,1,0,1)\}.$$

用 u_i 表示某次渡河时事物的乘船状态,即如果 i 乘船则 $u_i=1$,如果 i 没有乘船则 $u_i=0$.则同样可以将每次的渡河决策方案表示为一个四维向量

$$d=(u_1,u_2,u_3,u_4).$$

根据实际情况,允许的决策方案只有 4 种,即 d 的允许集合为

$$D=\{(1,1,0,0),(1,0,1,0),(1,0,0,1),(1,0,0,0)\}.$$

进一步将第 k 次渡河前此岸的状态记为 s_k,同时将该次渡河

的决策方案记为 d_k. 则可以得到状态转移公式

$$s_{k+1} = s_k + (-1)^k d_k.$$

到此,原人、狗、鸡、米过河问题就转化为数学上的状态转移问题.确切地说,问题就转化成了求过河决策方案序列 $d_1, d_2, \cdots, d_n$,使得此岸状态向量 s 按照公式 $s_{k+1} = s_k + (-1)^k d_k$ 由 $(1,1,1,1)$ 转变为 $(0,0,0,0)$.

4.模型求解

对上一步所建立的数学模型进行求解,可以得到如表 1-1 所示的结果.

表 1-1　人、狗、鸡、米过河模型求解结果

		1	2	3	4	5	6	7	8
方案一	s_k	(1,1,1,1)	(0,1,0,1)	(1,1,0,1)	(0,1,0,0)	(1,1,1,0)	(0,0,1,0)	(1,0,1,0)	(0,0,0,0)
	d_k	(1,0,1,0)	(1,0,0,0)	(1,0,0,1)	(1,0,1,0)	(1,1,0,0)	(1,0,0,0)	(1,0,1,0)	
方案二	s_k	(1,1,1,1)	(0,1,0,1)	(1,1,0,1)	(0,0,0,1)	(1,0,1,1)	(0,0,1,0)	(1,0,1,0)	(0,0,0,0)
	d_k	(1,0,1,0)	(1,0,0,0)	(1,1,0,0)	(1,0,1,0)	(1,0,0,1)	(1,0,0,0)	(1,0,1,0)	

进而得到如下两种渡河方案:

(1)方案一:第一次渡河,人带鸡到彼岸;第二次渡河,人独自回此岸;第三次渡河,人带米到彼岸;第四次渡河,人带鸡到此岸;第五次渡河,人带狗到彼岸;第六次渡河,人独自回此岸;第七次渡河,人带鸡到彼岸,全部过河.

(2)方案二:第一次渡河,人带鸡到彼岸;第二次渡河,人独自回此岸;第三次渡河,人带狗到彼岸;第四次渡河,人带鸡到此岸;第五次渡河,人带米到彼岸;第六次渡河,人独自回此岸;第七次渡河,人带鸡到彼岸,全部过河.

5.模型分析

结合现实问题可以清楚地看到,利用上述模型来解答人、狗、鸡、米过河问题时,求解的过程并不是很容易.尽管可以通过笔算

的方法求得正确答案,但是需要把可能的情况一一加以分析.这种方法在数学上称之为穷举法,该方法虽然在逻辑上十分严谨,但是效率不高.虽然在本问题上体现得并不明显,但是遇到一些较复杂的问题时,对所有的可能情况一一讨论是不现实的.必须采用高科技手段,借助计算机来完成.

6.模型检验

由于规模较大的问题不宜采用穷举法,故而,这里借助计算机,利用 MATLAB 软件,将上述模型中的算法用编程的手段来实现.对上述数学模型作进一步的分析可知,如果规定四维向量(矩阵)A 和 B 的每一分量相加时按二进制法则进行,这样一次渡河就是一个可取状态和一个可取运载相加,再判断和向量是否属于可取状态即可.进而可以将可取状态及可取渡河决策分别编成矩阵.下面是具体的操作步骤.

(1)编制主文件 xduhe.m,具体程序为:

```
clear;
clc;
A=[1,1,1,1];
B=[1,0,1,0;1,1,0,0;1,0,0,1;1,0,0,0];
M=[1,1,1,0;0,1,0,1;1,1,0,1;0,0,1,0;1,0,1,1;0,1,0,
    0;1,0,1,0;0,1,0,1];
duhe(A,B,M,1);
```

(2)编制 duhe(L,B,M,s)函数(duhe.m 文件)用来实现渡河总思路.即将起始矩阵 A 分别与可取运载相加(使用二进制法则),判断相加后的矩阵 C 是否是$(0,0,0,0)$,如果是则渡河成功;否则,用 fuhe(C,M)函数判断矩阵 C 是否是可取状态,如果是,则打印并将 C 与初始矩阵合并成新矩阵,继续调用 duhe.m 文件.duhe.m 文件的具体程序为:

```
function duhe(L,B,M,s);
    [h,1]=size(L);
```

```
for k=s:h
    for i=1:4
        C=mod(L(k,:)+B(i,:),2);
        if C=[0,0,0,0]
            print(B(i,:),C,s);
            fprintf('          渡河成功\n\n');
break;
        else if fuhe(C,M)==1
                print(B(i,:),C,s);
                S=[L;C];
                if Panduan(S)==1
                    duhe(S,B,M,s+1);
                else
                    fprintf('          这一渡河方案不可行\n\n');
                end
            end
        end
    end
end
```

（3）编制 fuhe(**C**,**M**) 函数（fuhe. m 文件）判断和矩阵 **C** 是否属于矩阵 **M**,如果是,则返回 1;否则返回 0. fuhe. m 文件的具体程序为：

```
function y=fuhe(C,M);
    y=0;
    for i=1:8
        if(C==M(i,:))
            y=1;
            break;
        end
    end
```

(4)编制 Panduan(**S**)函数(Panduan. m 文件)判断矩阵 **S** 中是否有两个相同的状态,即行向量. 如果有,则返回 1;否则返回 0. Panduan. m 文件的具体程序为:

```
function z=Panduan(S);
z=1;
[m,n]=size(S);
for p=1:m
  for q=(p+1):m
    if S(p,:)-S(q,:)==[0,0,0,0]
      z=0;
      break;
    end
  end
end
```

(5)编制 print(**K**,**C**,*s*)函数(print. m 文件)打印相应的状态. print. m 文件的具体程序为:

```
function print(K,C,s)
fprintf('第%d 次渡河:',s);
if K(1)==1
  fprinff('人,');
end
if K(2)==1
  fprinff('狗,');
end
if K(3)==1
  fprinff('鸡,');
end
if K(4)==1
  fprinff('米,');
end
```

```
if C(1)==0
    fprinff('从此岸到达彼岸\n');
else
    fprinff('从彼岸回到此岸\n');
end
```

运行上述程序,其输出结果如下:

第1次渡河:人,鸡,从此岸到达彼岸

第2次渡河:人,从彼岸回到此岸

第3次渡河:人,狗,从此岸到达彼岸

第4次渡河:人,鸡,从彼岸回到此岸

第5次渡河:人,鸡,从此岸到达彼岸
                    这一渡河方案不可行

第5次渡河:人,米,从此岸到达彼岸

第6次渡河:人,狗,从彼岸回到此岸

第7次渡河:人,鸡,从此岸到达彼岸

第8次渡河:人,鸡,从彼岸回到此岸
                    这一渡河方案不可行

第8次渡河:人,米,从彼岸回到此岸
                    这一渡河方案不可行

第7次渡河:人,狗,从此岸到达彼岸
                    这一渡河方案不可行

第6次渡河:人,米,从彼岸回到此岸
                    这一渡河方案不可行

第6次渡河:人,从彼岸回到此岸

第7次渡河:人,鸡,从此岸到达彼岸
                    渡河成功

第4次渡河:人,狗,从彼岸回到此岸
                    这一渡河方案不可行

第3次渡河:人,米,从此岸到达彼岸

第4次渡河:人,鸡,从彼岸回到此岸

第 5 次渡河：人，鸡，从此岸到达彼岸

　　　　　这一渡河方案不可行

第 5 次渡河：人，狗，从此岸到达彼岸

第 6 次渡河：人，狗，从彼岸回到此岸

　　　　　这一渡河方案不可行

第 6 次渡河：人，米，从彼岸回到此岸

第 7 次渡河：人，鸡，从此岸到达彼岸

第 8 次渡河：人，鸡，从彼岸回到此岸

　　　　　这一渡河方案不可行

第 8 次渡河：人，狗，从彼岸回到此岸

　　　　　这一渡河方案不可行

第 7 次渡河：人，米，从此岸到达彼岸

　　　　　这一渡河方案不可行

第 4 次渡河：人，米，从彼岸回到此岸

　　　　　这一渡河方案不可行

第 3 次渡河：人，从此岸到达彼岸

　　　　　这一渡河方案不可行

　　最后需要特别指出的是，上述应用计算机软件（MATLAB 软件）检验模型的过程也是一个借助计算机软件进行数学建模的过程.

　　7. 模型应用

　　人、狗、鸡、米过河模型结构简单、切合实际，而且易于理解. 上述建模过程经过所定义的一系列概念和所引入的运算，用数学语言建立了科学的状态转移模型，并对模型进行数学求解，而且还用计算机建模的方法对理论模型进行了检验. 该模型具有很好的通用性和推广性. 现实中往往会遇到很多类似的问题，一般都比该问题复杂，但是可以通过该模型获得启发，进而可以方便有效地对该类型问题建模并求解.

1.3.2 人口预测问题

人口问题是当今世界的热点问题之一. 一方面, 人口的增长可以给部分地区带来劳动力和消费需求, 进而促进该地区经济的繁荣; 另一方面, 人口过多或过快增长也会给相应地区的资源与环境带来过重的压力, 不利于社会的可持续发展. 认识人口数量变化的规律, 按照科学的方法建立合理的人口增长模型, 不仅可以描述人口的增长过程, 同时还可以对人口数量的未来变化趋势进行预测, 进而为社会经济发展规划提供重要信息, 帮助人类制定正确的政策. 下面就来分析两个典型的人口模型.

1. Malthus 模型(指数增长模型)

Malthus 模型(指数增长模型)是英国神父 Malthus 在分析了 18 世纪以前一百多年人口统计资料的基础上建立的一个研究人口变化规律的数学模型. 接下来, 按照数学建模的一般步骤来简要分析一下该模型的建立与应用.

(1)模型准备(问题分析). 人口变化规律就是指某一地区、某个国家或全世界的人口变化规律, 换言之, 人们既可以研究某一国家或地区的人口变化规律, 也可以研究全世界的人口变化规律. 而且社会经验告诉我们, 只要不出现特大自然灾害或战争等, 无论是哪个国家或地区乃至全世界, 人口变化所服从的规律是相似的. 应用数学理论, 应该可以将人口变化规律描述成一个关于时间(年份)的函数 $N(t)$, 地区不同, 可能会导致人口变化函数的相关参数发生改变, 但是不应该改变函数的性质. 建立人口模型, 其实就是要寻找 $N(t)$ 所满足的微分方程.

(2)模型假设. 经验表明, 影响人口增长的因素很多, 如当地婴儿的存活率、传统风俗和道德观念, 再如当地的公共医疗条件、战争状况、污染状况、自然灾害等, 再如当地的经济状况、政策因素(如有没有计划生育)、人口的迁入与迁出等. 为了简化问题,

Malthus 模型只考虑了人口的出生率与死亡率,并作了如下的理想化假设:

①人口是自然增长的,只考虑出生率与死亡率,且出生率与死亡率均保持不变(为一常数);

②所研究地区在所讨论时间内没有人口的大规模迁移.

(3)模型构成.设某地区在时刻 t 的人口数为 $N(t)$,人口出生率为 b,死亡率为 d,并假设在 $t = t_0$ 时刻的人口数为 N_0,即 $N(t_0) = N_0$.则在 t 到 $t + \Delta t$ 的时间间隔内的人口净增长量为

$$N(t + \Delta t) - N(t) = bN(t)\Delta t - dN(t)\Delta t. \qquad (1\text{-}3\text{-}1)$$

两边同除以 Δt,可得

$$\frac{N(t + \Delta t) - N(t)}{\Delta t} = bN(t) - dN(t) = rN(t),$$

其中 $r = b - d$ 为净增长率.严格地说,$N(t)$ 是整数,不可微,但由于它很大,可以近似地认为它是一个关于 t 的连续函数,是可微的.故而,令 $\Delta t \to 0$,则可以得到 $N(t)$ 满足的微分方程

$$\frac{\mathrm{d}N(t)}{\mathrm{d}t} = \lim_{\Delta t \to 0} \frac{N(t + \Delta t) - N(t)}{\Delta t} = rN(t). \qquad (1\text{-}3\text{-}2)$$

结合初始条件 $N(t_0) = N_0$,即可得到 Malthus 模型

$$\begin{cases} \dfrac{\mathrm{d}N(t)}{\mathrm{d}t} = rN(t), \\ N(t_0) = N_0. \end{cases} \qquad (1\text{-}3\text{-}3)$$

(4)模型求解.求解微分方程(1-3-3),得到其解析解

$$N(t) = N_0 \mathrm{e}^{r(t - t_0)}, \qquad (1\text{-}3\text{-}4)$$

当设置当前时刻(研究的起始时刻)为 $t_0 = 0$ 时,解(1-3-4)可以变形为更简洁的形式

$$N(t) = N_0 \mathrm{e}^{rt} \, (t \geqslant 0). \qquad (1\text{-}3\text{-}5)$$

式(1-3-4)与式(1-3-5)都是 Malthus 模型的解.由于 Malthus 模型的解是一个指数函数,故而又称指数增长模型.解(1-3-4)与解(1-3-5)中含有未知参数 r,对于此未知参数,可根据某个相似地区的实际统计数据,利用数据拟合方法求得.

(5)模型分析与检验.在获得 Malthus 模型的解之后,下一步

就要通过某一实际地区在某一时间段的人口统计结果来对模型进行分析与检验. 如表 1-2 所示, 是美国 1790—2000 年的人口统计表. 接下来就用表 1-2 提供的统计数据来对 Malthus 模型进行分析与检验. 将 1790 年视为计时零点, 则 Malthus 模型对应的解应当是式(1-3-5). 一般常采取线性最小二乘方法对参数进行估计, 对于 Malthus 模型的解(1-3-5), 两边取对数, 得

$$\ln N(t) = \ln N_0 + rt,$$

记 $y = \ln N(t)$, $a = \ln N_0$, 有

$$y = a + rt.$$

利用线性最小二乘法, 分别根据 1790—1900 年和 1790—2000 年的统计数据, 结合式 $y = a + rt$, 利用 MATLAB 软件进行数据拟合, 可得 r 的取值分别为 0.0275 和 0.0216. 进而得到 1790—1900 年美国人口增长拟合图与 1790—2000 年美国人口增长拟合图, 分别如图 1-4 和图 1-5 所示. 图中的黑点为统计数据, 曲线为由 Malthus 模型得到的预测曲线. 通过图 1-4 与图 1-5 可以看出, 对于 1790—1900 年的美国人口增长情况, Malthus 模型拟合的效果较好; 但对于 1900 年以后的人口增长规律, 拟合情况与实际情况相差较大. 另外, 比较历年的世界人口统计资料, 可发现世界人口增长的实际情况与 Malthus 模型的预测结果基本相符, 世界人口数大约每 35 年增长 1 倍. 检查 1700—1961 年的 260 年中人口的实际数量, 发现两者几乎完全一致. 按照 Malthus 模型计算, 世界人口数量每 34.6 年增长 1 倍, 两者几乎也完全相同. 但是, 假如世界人口数真能保持每 34.6 年增加 1 倍, 那么, 到 2510 年, 世界人口数将达 2×10^{14}, 即使把海洋也算在里面, 平均每人也只有大约 $1\mathrm{m}^2$ 的活动范围, 而到 2670 年, 世界人口数将达到 36×10^{15}, 只好一个人站在另一人的肩上排成两层了. 这就说明, Malthus 模型在短期预测或检验过去方面效果较好, 但在长期预测方面效果非常差. 导致这个后果的原因是, 在建立 Malthus 模型时作了"人口自然增长率仅与人口出生率和死亡率有关且为常数"的假设. 这一假设使模型得以简化, 但也隐含了人口的无限制增长, 显然

用该模型来作长期的人口预测是不合理的.

表 1-2　1790—2000 年美国人口统计表

年份	常住人口(单位:百万人)	年份	常住人口(单位:百万人)
1790	3.9290	1900	75.9950
1800	5.3080	1910	91.9720
1810	7.2400	1920	105.7110
1820	9.6380	1930	122.7550
1830	12.8600	1940	131.6690
1840	17.0690	1950	150.6970
1850	23.1920	1960	179.3230
1860	31.4300	1970	203.2120
1870	38.5580	1980	226.5050
1880	50.1560	1990	248.7100
1890	62.9480	2000	281.4000

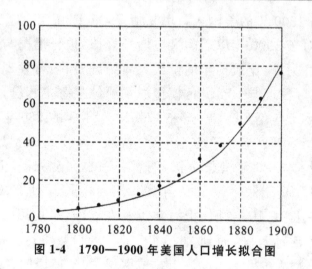

图 1-4　1790—1900 年美国人口增长拟合图

(6)模型应用.通过中国统计网获知,古都西安市 2005—2015 年的常住人口数量如表 1-3 所示.接下来来应用 Malthus 模型预测西安市未来几十年间的人口变化规律.将 Malthus 模型的解(1-3-5)进行变形可得

$$N(t) = N_0 e^{rt} = e^{p+qt}. \tag{1-3-6}$$

则确定了参数 p 与 q 的值,也就确定了 Malthus 模型的解.将式 (1-3-6)的两边取自然对数有

$$\ln N(t) = p + qt,$$

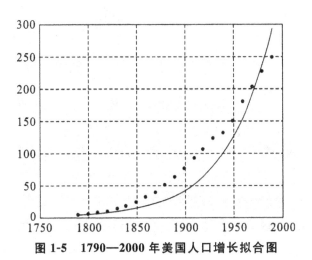

图 1-5　1790—2000 年美国人口增长拟合图

根据最小二乘法,参数 p 与 q 满足偏差平方和

$$M(p,q) = \sum_{i=1}^{n} (p + qt_i - \ln N_i)^2 \tag{1-3-7}$$

最小,式(1-3-7)中的 t_i 代表年份,N_i 代表 t_i 年的人口数量.结合多元函数极值的相关理论,可得

$$\begin{cases} \dfrac{\partial M}{\partial p} = 2\sum_{i=1}^{n} (p + qt_i - \ln N_i) = 0, \\ \dfrac{\partial M}{\partial q} = 2\sum_{i=1}^{n} (p + qt_i - \ln N_i)t_i = 0. \end{cases} \tag{1-3-8}$$

若令矩阵 $\boldsymbol{P}, \boldsymbol{A}, \boldsymbol{B}$ 分别为

$$\boldsymbol{P} = \begin{bmatrix} p \\ q \end{bmatrix}, \boldsymbol{A} = \begin{bmatrix} n & \sum\limits_{i=1}^{n} t_i \\ \sum\limits_{i=1}^{n} t_i & \sum\limits_{i=1}^{n} t_i^2 \end{bmatrix}, \boldsymbol{B} = \begin{bmatrix} \sum\limits_{i=1}^{n} \ln N_i \\ \sum\limits_{i=1}^{n} t_i \ln N_i \end{bmatrix},$$

则式(1-3-8)表示为

$$AP = B,$$

即有

$$P = A^{-1}B.$$

进而借助 MATLAB 软件,利用表 1-3 提供的数据,通过编程可以求出参数 p 与 q 的值分别为

$$p = 22110, q = 44441210.$$

进而得到基于 Malthus 模型的人口预测结果

$$N(t) = e^{22110+44441210 \times r}. \tag{1-3-9}$$

根据式(1-3-9)可以得到利用 Malthus 模型预测西安市人口变化规律的拟合曲线,如图 1-6 所示,图中的黑点为统计数据.根据该拟合曲线,即可以判断西安市在 2020 年人口大约 900.00 万,2036 年人口大约 1001.1 万,2060 年人口大约 1211.5 万.再结合前面对 Malthus 模型的分析检验结论可知,2020 年人口约 900.00 万是可靠的预测,2036 年人口大约 1001.1 万的预测也比较可靠,但是 2060 年人口大约 1211.5 万的预测结果就不太可信了.同时还可以发现,2005—2015 的统计数据与预测曲线非常吻合,这也证明了 Malthus 模型检验过去具有极好的效果.

表 1-3　西安市 2005—2015 年常住人口数量统计表

年份	常住人口(单位:万人)	年份	常住人口(单位:万人)
2005	806.00	2011	851.34
2006	822.52	2012	855.29
2007	830.54	2013	858.81
2008	837.52	2014	862.75
2009	843.46	2015	869.76
2010	846.00		

2. Logistic 模型(阻滞增长模型)

前面已经指出了 Malthus 模型的优点和不足,为弥补这些不

足,使得人口预测更能反映实际的人口变化规律,Verhulst 对 Malthus 模型进行了改进,提出了 Logistic 模型.下面继续按照数学建模的一般步骤来分析 Logistic 模型的建立与应用:

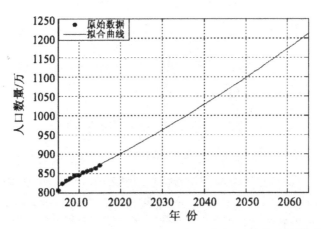

图 1-6　Malthus 模型预测西安市人口变化规律的拟合曲线

(1)模型准备(问题分析).仔细分析 Malthus 模型在长期预测方面效果非常差的原因,会发现 Malthus 模型的假设过于简单,因此需要进一步考虑影响人口变化的其他因素.比如,只有在一个很短的时期内,才可以把人口净增长率近似地看作一个常数,而随着人口不断增长,环境资源所能承受的人口容量的限制,以及人口中年龄和性别结构等都会对出生率和死亡率产生影响.因此,人口净增长率应该看作人口数量的函数,记作 $r(N(t))$.

(2)模型假设.将 Malthus 模型的假设条件进行一些修改,作出如下新的假设:

①受环境及资源所限,某地区的人口容量有限,设为常值 N_m;

②人口净增长率 r 是人口数量 $N(t)$ 的线性减函数,即
$$r(N(t)) = r_0 - sN(t)(r_0 > 0, s > 0),\qquad (1\text{-}3\text{-}10)$$
其中 r_0 称为自然增长率.

(3)模型构成.根据模型假设条件可知,当人口数量 $N = N_m$ 时,人口不再增长,即增长率

$$r(N_{\mathrm{m}}) = 0.$$

将其代入式(1-3-10)可得

$$s = \frac{r_0}{N_{\mathrm{m}}},$$

于是得人口增长率为

$$r(N(t)) = r_0\left(1 - \frac{N(t)}{N_{\mathrm{m}}}\right). \tag{1-3-11}$$

将其代入式(1-3-3)可得

$$\begin{cases} \dfrac{\mathrm{d}N(t)}{\mathrm{d}t} = r_0\left(1 - \dfrac{N(t)}{N_{\mathrm{m}}}\right)N(t), \\ N(t_0) = N_0 \end{cases} \tag{1-3-11}$$

该方程组显然是 Malthus 模型的改进形式,称为 Logistic 模型.

(4)模型求解.利用微分方程的有关理论容易求得模型 (1-3-11)的解析解为

$$N(t) = \frac{N_{\mathrm{m}}}{1 + \left(\dfrac{N_{\mathrm{m}}}{N_0} - 1\right)\mathrm{e}^{-r_0(t-t_0)}}. \tag{1-3-12}$$

如果设置当前时刻(研究的起始时刻)为 $t_0 = 0$ 时,则解(1-3-12) 可以变形为更简洁的形式

$$N(t) = \frac{N_{\mathrm{m}}}{1 + \left(\dfrac{N_{\mathrm{m}}}{N_0} - 1\right)\mathrm{e}^{-r_0 t}} \quad (t \geqslant 0), \tag{1-3-13}$$

式中的参数 N_{m} 和 r_0 可由实际数据拟合方法计算得到.

(5)模型分析.由前面的分析可知,在人口发展初期,由于不受自然资源和环境条件的约束,人口为自然增长,增长率在短期内可视为常数,但随着时间的推移,增长率越来越大;人口数量随着时间的推移而不断增大,即 $N(t)$ 是时间 t 的单调递增函数;当人口数量达到一定数量时,人口增长率达到最大值,接着开始减少,最后减少到零或者在零附近波动;无论人口初值如何,人口总数趋向于自然资源和环境条件所能容纳的最大人口数量 N_{m},即 $t \to \infty$ 时,$N(t) \to N_{\mathrm{m}}$. 由式(1-3-11)可知

$$\frac{\mathrm{d}N(t)}{\mathrm{d}t} = r_0\left(1 - \frac{N(t)}{N_{\mathrm{m}}}\right)N(t) \geqslant 0,$$

所以人口数量不断增长,而

$$N''(t) = \frac{2r_0}{N_m} N'(t) \left(\frac{N_m}{2} - N(t) \right).$$

所以当 $N(t) < \dfrac{N_m}{2}$ 时,$N''(t) > 0$,曲线向上凹,$N'(t)$ 单调增加,即人口增长率越来越大;当 $N(t) > \dfrac{N_m}{2}$ 时,$N''(t) < 0$,曲线向上凸,$N'(t)$ 单调减少,即人口增长率越来越小. 人口增长率在 $N(t) = \dfrac{N_m}{2}$ 处达到最大,即在人口总数达到极限值一半以前是加速增长时期,此后增长速度逐渐变小,并且趋向于零,为减速增长时期. 如图 1-7 和图 1-8 所示,分别是 Logistic 模型的 $N(t)\text{-}t$ 曲线和 $N'(t)\text{-}t$ 曲线.

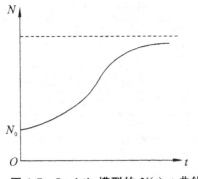

图 1-7　Logistic 模型的 $N(t)\text{-}t$ 曲线　　图 1-8　Logistic 模型的 $N'(t)\text{-}t$ 曲线

(6)模型检验. 接下来用表 1-2 提供的美国 1790—2000 年的人口统计数据对 Logistic 模型作一下检验. 先将 Logistic 模型的微分方程

$$\frac{dN(t)}{dt} = r_0 \left(1 - \frac{N(t)}{N_m} \right) N(t)$$

表示为

$$\frac{\dfrac{dN(t)}{dt}}{N(t)} = r_0 - \left(\frac{r_0}{N_m} \right) N(t).$$

上式左端可以依据表 1-2 中的数据,利用数值微分方法求出,右端

关于参数 r_0 和 $\dfrac{r_0}{N_m}$ 是线性的,所以仍可利用线性最小二乘法估计

参数 r_0 和 $\dfrac{r_0}{N_m}$. 根据人口专家的估计,取 $N_m = 197273000$,$r_0 = 0.03134$,得部分计算结果,如表 1-4 所示,表中数值的单位是"百万人".

表 1-4　用 Malthus 模型和 Logistic 模型分别预测美国
1790—1940 年人口数量的结果及误差

年份		1790	1800	1810	1820	1830	1840
Malthus 模型	结果	3.929	5.308	7.171	9.668	13.088	17.682
	误差	0	0	−0.9	0.5	1.7	3.6
Logistic 模型	结果	3.929	5.336	7.228	9.757	13.109	17.506
	误差	0	0.5	−0.2	1.2	1.9	2.6
年份		1850	1860	1870	1880	1890	1900
Malthus 模型	结果	23.888	32.272	43.599	58.901	79.574	107.503
	误差	3.0	2.6	13.1	17.4	26.4	41.5
Logistic 模型	结果	23.192	30.412	39.372	50.177	62.796	76.870
	误差	0	−3.3	2.1	0	−0.3	1.2
年份		1910	1920	1930	1940		
Malthus 模型	结果	145.232	196.208	265.074	358.109		
	误差	57.9	85.6	115.9	172.9		
Logistic 模型	结果	91.972	107.559	123.124	136.653		
	误差	0	1.7	0.3	3.8		

通过数值计算表明,Logistic 模型确实比 Malthus 模型更符合实际,尤其是在长期预测方面优势更为明显.

(7)模型应用. 根据表 1-3 提供的数据,应用 Logistic 模型预测西安市未来几十年间的人口变化规律. 根据 Logistic 模型可知,西安市人口数量与时间的关系为

$$N(t) = \cfrac{N_{\mathrm{m}}}{1 + \left(\cfrac{N_{\mathrm{m}}}{N_0} - 1\right)\mathrm{e}^{-r_0 t}},$$

可将其化简为

$$N(t) = \frac{N_0 N_{\mathrm{m}}}{N_0 + (N_{\mathrm{m}} - N_0)\mathrm{e}^{-r_0 t}}.$$

进一步将上式变形可得 $\dfrac{1}{N(t)} - \dfrac{1}{N_{\mathrm{m}}} = \left(\dfrac{1}{N_0} - \dfrac{1}{N_{\mathrm{m}}}\right)\mathrm{e}^{-r_0 t}$，则有

$$\frac{1}{N(t)} - \frac{1}{N_{\mathrm{m}}} = \mathrm{e}^{p+qt},$$

故而

$$N(t) = \frac{1}{N_{\mathrm{m}}^{-1} + \mathrm{e}^{p+qt}}. \tag{1-3-14}$$

进一步设

$$M(t) = N^{-1}(t) - N_{\mathrm{m}}^{-1},$$

可得

$$M(t) = \mathrm{e}^{p+qt}. \tag{1-3-15}$$

对式(1-3-15)取对数可得

$$\ln M(t) = p + qt,$$

仿照前面利用 Malthus 模型预测西安市人口变化规律时的做法，取 $N_{\mathrm{m}} = 1500$，可得

$$p = 22110, q = 44441210.$$

进而求得西安市人口预测的 Logistic 模型的解为

$$N(t) = \frac{1}{1500^{-1} + \mathrm{e}^{22110 + 44441210 \times t}}.$$

根据上式即可绘制出西安市人口预测的 Logistic 模型拟合曲线，如图 1-9 所示，图中空心的小圆圈表示统计数据. 根据该拟合曲线，即可以判断西安市在 2020 年人口大约 900.00 万，2040 年人口大约 1002.6 万，2060 年人口大约 1096.7 万. 再结合前面对 Logistic 模型的分析检验结论可知，该预测结果会比 Malthus 模型的预测结果准确，尤其是对于 2060 年及其以后的预测.

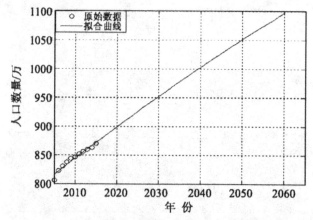

图 1-9　西安市人口预测的 Logistic 模型拟合曲线

1.4　如何培养数学建模能力

　　数学建模是一种与实际问题结合非常紧密的思维活动,既包括逻辑思维又包括非逻辑思维,但是没有统一的模式和固定的方法.需要建模者对复杂多变的具体问题具有极强的应变能力.通过前面关于数学建模的基本概念、方法及一般步骤的讨论可知,建模过程大体都要经过分析与综合、抽象与概括、比较与类比、系统化与具体化的阶段,其中涉及大量的思维方法和研究技巧,这就对建模者提出了很高的能力要求.在这里,笔者结合多年的数学建模研究经验,提出如下几条培养数学建模能力的建议:

　　(1)必须注重"翻译"能力的培养.所谓"翻译",具体是指经过一定的抽象与简化,将实际问题用数学的语言表示成数学模型,应用数学的方法进行推演或计算,并将所得到的数学结果用通俗易懂的语言表达出来,以便于不同专业的研究人员使用.换言之,这里的"翻译"既包括将实际问题翻译(转变)成数学模型,又包括将对数学模型的求解结果翻译(转变)成现实问题的通俗结论.如图 1-10 所示,是"翻译"过程的示意图.数学建模尤其注重"翻译"

能力,它不仅决定着建模者能否将实际问题转化为合理的数学模型,同时还决定着所建立的模型能否被广泛推广以获得良好的应用价值.要培养"翻译"能力就必须注重抽象思维能力的培养,同时还要理论联系实际,从实际中获得理论的营养,将理论转化为实践的指导纲领.

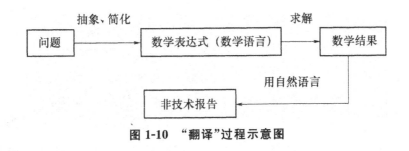

图 1-10　"翻译"过程示意图

（2）要注重综合应用与分析能力的培养.对于数学建模而言,应用已有的数学理论及思想方法进行综合应用和分析,并能合理地抽象和简化,是非常重要的一种能力.因为在数学建模中数学是基本的工具,所以数学建模者必须掌握灵活应用这种工具的能力.有了数学理论及思想方法,并不意味着就自动会使用它,要想能够灵活地、创造性地使用数学理论及思想方法,还必须平时多加练习,多方面思考,将数学理论融会贯通.

（3）注重联想与类比能力的培养.在一定的简化层次下,很多看起来完全不同的实际问题可能有相同的或相似的数学模型,这是数学应用广泛性的重要表现之一.这就要求数学建模者要有广泛的兴趣,热爱思考,善于展开丰富的想象和联想,通过熟能生巧而逐步达到触类旁通的境界.

（4）注重洞察能力的培养.所谓洞察能力,具体就是指一眼就能抓住（或部分抓住）要点的能力.正所谓洞悉先机方能百事不殆,洞察能力在实际生活和科学研究中都是非常重要的,数学建模同样离不了洞察能力.实际问题的参与者往往并不是很懂数学的人,他们提出的问题（及其表达方式）更不是数学化的,这就需要数学建模者拥有高超的洞察能力,在建模前的调查研究中能够通过"提问""换一种方式表达"或"启示"等方式使所要研究的问题明朗化,进而快速抓住问题的本质,提高数学建模的效率.

(5)注重"移植"能力的培养.在科学研究中,往往能够将一个或几个学科领域中的理论和行之有效的研究方法、研究手段移用到其他领域当中去,为解决其他学科领域中存在的疑难问题提供启发和帮助.移植的特点是把问题的关键与已有的规律和原理联系起来,与既存的事实联系起来,从而构成一个新的模型或深掘其本质的概念与思想.数学建模中同样需要足够的"移植"能力.积极发挥"移植"能力,一方面可以从已有的数学模型中获得新问题的建模方法;另一方面则有助于数学模型的应用推广.

(6)积极培养应用工具及科技论文写作的能力.这里的应用工具主要是指使用计算机及相应的数学软件.在计算机技术高度发达的今天,计算机已经成为数学研究必备的工具之一,很多复杂的数学计算都必须通过计算机来完成.数学建模在模型求解、模型检验等方面都会频繁地使用计算机及相应的数学软件,离开了计算机,很多数学建模都难以实现.故而建模者不仅要掌握一定的计算机应用技术,还必须熟练掌握一两种常用的数学软件的使用方法.至于科技论文写作能力的必要性更是不言而喻了,它不仅是数学建模的基本技能之一,也是科技人才的基本能力之一,是反映科研活动所做工作的重要方式.

第 2 章 传统思想方法与"小数据"建模问题

对于涉及数学建模的相关"小数据"实际问题,一般采用传统思想方法建模,本章主要介绍传统思想方法的基本原理、建模步骤以及思想方法的建模实例,主要包括直接法、模拟法、类比法、初等分析法、微分方程法和数学规划法.掌握这些思想方法对于解决实际问题有重要意义.

2.1 直接法及建模问题

直接法建模是指利用已有的数学、物理知识,根据实际情况建立解决实际问题的数学模型,从而将理论与实际结合起来.所用到的知识有代数、几何、概率等方面,建立的数学模型简单易懂,一般具有明确的实际意义.

利用直接法建立的数学模型为初等模型,常见的有关于自然数的数学模型、初等代数模型、初等几何模型、初等随机模型等.本节将介绍初等几何模型中的雨中行走问题.

2.1.1 问题的提出

当在外出行走的途中遇到下雨时,自然会想:到底要走多快才会使淋雨量最少.为了研究这个问题,先作简单考虑:沿直线走,且已知雨的速度.

该问题主要涉及降雨的大小、风的方向、路程的远近和人行走的快慢这些因素.

2.1.2 模型的假设

为了简化问题,这里做出如下假设:

(1)雨滴下落的速度为 r(m/s),单位时间的降水厚度为 I(cm/h);

(2)人在雨中行走的速度恒为 v(m/s),雨中行走的距离为 D(m);

(3)雨滴下落的角度固定不变为 θ;

(4)将人体视为长方体,高 h(m),宽 ω(m),厚 d(m).

2.1.3 模型的建立

降雨强度系数 $p = I/r, p \leqslant 1$,当 $p = 1$ 时即为大雨倾盆.当雨水是迎面落下时,被淋湿的部分仅是人体的顶部和前方.令 C_1,C_2 分别是人体的顶部和前部的雨水量.

如图 2-1 所示,对于顶部的雨水量 C_1:面积 $S_1 = \omega d$,雨滴速度的垂直分量为 $r\sin\theta$,则在时间 $t = D/v$ 内淋在顶部的雨水量为

$$C_1 = \frac{D\omega d\, pr\sin\theta}{v}.$$

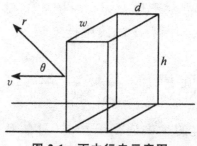

图 2-1 雨中行走示意图

对于人体前部的雨水量 C_2：面积 $S_2 = \omega h$，雨速分量为 $r\cos\theta + v$，则在时间 $t = \dfrac{D}{v}$ 内，

$$C_2 = \frac{D}{v}[\omega p h(r\cos\theta + v)].$$

于是在整个行程中被淋到的雨水总量为

$$C = C_1 + C_2 = \frac{p\omega D}{v}[dr\sin\theta + h(r\cos\theta + v)].$$

2.1.4　数据假设及模型求解

设 $r = 4\text{m/s}$，$I = 2\text{cm/h}$，可得

$p = 1.39 \times 10^{-6}$，$D = 1000\text{m}$，$h = 1.50\text{m}$，$\omega = 0.50\text{m}$，$d = 0.20\text{m}$，

$$C = \frac{6.95 \times 10^{-4}}{v}(0.8\sin\theta + 6\cos\theta + 1.5v).$$

当 $0° < \theta < 90°$ 时，$\sin\theta, \cos\theta > 0$，$C$ 是 v 的减函数. 人须以最快的速度跑，淋雨量才能最小，取 $v = 6\text{m/s}$，当 $\theta = 60°$ 时，$C = 1.47 \times 10^{-4}\text{m}^3 = 1.47\text{L}$.

当 $\theta = 90°$ 时，有

$$C = \frac{6.95 \times 10^{-4}}{v}(0.8\sin 90° + 1.5v)$$

$$= 6.95 \times 10^{-4}(1.5 + 0.8/v).$$

取 $v = 6\text{m/s}$，$C = 11.3 \times 10^{-4}\text{m}^3 = 1.13\text{L}$.

当 $90° < \theta < 180°$ 时，令 $\theta = 90° + \alpha$，则 $0° < \alpha < 90°$，此时

$$C = 6.95 \times 10^{-4}[1.5 + (0.8\cos\alpha - 6\sin\alpha)/v].$$

此时，雨滴将从后面落下，但是，当 α 充分大时，C 可能为负值，显然不合理. 这是因为在开始讨论时，假定了人体是一面淋雨，当 $0° < \theta < 90°$ 时，这是对的；然而当 $90° < \theta < 180°$，且 $v > r\sin\alpha$ 时，人体将赶上前面的雨. 当 $v < r\sin\alpha$ 时，淋在背上的雨量为

$$C = p\omega D[h(r\sin\alpha - v)]/v,$$

雨水总量为

$$C = p\omega D[dr\cos\alpha + h(r\sin\alpha - v)]/v;$$

当 $v = r\sin\alpha$ 时,有 $C_2 = 0$,雨水总量为

$$C = p\omega Ddr\cos\alpha/v.$$

假如 $\alpha = 30°$,$C = 0.24L$,说明人体仅被头顶的雨水淋湿. 这意味着人体刚好跟着雨滴向前走,身体前后将不被淋雨;当 $v > r\sin\alpha$ 时,人体行走的速度快于雨滴的水平速度 $r\sin\alpha$,人将不断地赶上雨滴,雨水将仅淋胸前,淋雨量为

$$C_2 = p\omega D[h(v - r\sin\alpha)]/v,$$

于是有

$$C = p\omega D[dr\cos\alpha + h(v - r\sin\alpha)]/v.$$

当 $v = 6\text{m/s}$ 且 $\alpha = 30°$ 时,$C = 0.77L$.

综上,对于雨中行走问题有以下结论:

(1)如果雨是迎面落下($\theta \leqslant 90°$)时,策略很简单,以最大速度向前跑;

(2)如果雨是后方落下,这时应控制在雨中的行走速度,使它刚好等于落雨速度的水平分量.

2.2　模拟法及建模问题

2.2.1　模拟法建模的原理

模拟法是先设计出与被研究现象或过程相似的模型,然后通过模型间接地研究原型规律的实验方法. 其一般方法是依照原型的主要特征创设一个与其结构、性质相似的模型,通过模型间接研究原型.

当需要对变化过程进行建模时,一般通过分析、假设就可建立解释性模型,通常称为理论推动型模型;若需要对试验建模,可通过考察数据的倾向性建立经验模型,称为数据推动型模型.

模拟法适用于虽然了解模型的结构与性质,但其数量描述及

求解都相当复杂的情况. 此时, 对数学问题不能或难以做分析性的解释, 且数据无法收集或代价过于昂贵. 例如以下问题:

(1) 早高峰时电梯系统提供的服务模式的检验;

(2) 大城市交通控制系统可供选择的运行模式的检验;

(3) 确定一个新工厂的最佳厂址;

(4) 确定一办公大楼中, 通信网络哪个区域最好;

(5) 发生核电站事故时, 防护和疏散居民的方案.

2.2.2　哥尼斯堡七桥问题

在离普累格尔河入海口不远的地方, 有一座古老的城市——哥尼斯堡, 普累格尔河的两条支流在这里汇成一股, 奔向蓝色的波罗的海, 河心的克奈芳福岛上, 矗立着哥尼斯堡大教堂, 整座城市被河水分成 4 块. 于是, 人们便修造了 7 座各具特色的桥, 如图 2-2 所示. 若干年过去了, 一个有趣的问题在居民中传开了: 谁能够找出一条路线, 经过所有这 7 座桥而每座桥都只经过一次?

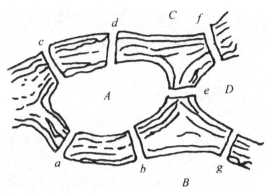

图 2-2　哥尼斯堡七桥图

许多年过去了也没有人找出一条合适的路线, 大家一筹莫展. 后来, "七桥问题"传到了旅居俄国彼得堡的欧拉耳朵里. 1736 年, 他研究后发现, 不重复地经过七座桥的路线, 以陆地为桥梁的连接点, 那么桥梁的曲直、长短, 陆地的形状、大小都是无须考虑的.因此,将4块陆地看成4个点、7座桥梁画成7条线,如图2-3所示,问题就变成了用笔不重复地画出几何图形,即"一笔画"问题.

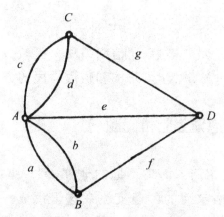

图2-3 七桥问题模拟图

欧拉发现,每当用笔画一条线进入中间的一个点时,必须画一条线离开这个点,否则整个图形就不可能用一笔画出.即单独观察图中的任何一个点都应该与偶数条线相连,如果起点、终点重合,那么连这个点也是如此.由图2-3可知,A、C、B、D连线都是奇数条,所以该一笔画问题为无解问题.

2.2.3 场址的选择问题

现在要确定一个新工厂的位置 P,使其满足处于不同地点 $P_i(i=1,2,\cdots,n)$ 的车间要求,已知一定时期间的各车间需求量为 $W_i(i=1,2,\cdots,n)$,则要使总运费在一定时期内达到最小,应如何选择 P 的位置(假定无现成道路可利用,且可近似地认为运费等于货重与运输距离之乘积)?

对此问题,可采用分析法建立数学模型,求 $P(x,y)$ 使总运费 $C(x,y)$ 达到最小.由题意,其目标函数是

$$\min C(x,y) = \min \sum_{i=1}^{n} W_i \sqrt{(x_i - x)^2 + (y_i - y)^2}.$$

　　此模型为非线性规划模型,要求其最优解有一定困难,一般采用迭代法求解,而采用模拟法,求解会比较方便,如图 2-4 所示.

　　在带有坐标刻度的板面上的相应车间坐标位置处钻洞,用细绳穿过洞,绳的一端吊一个砝码垂在板下,其重量 W_i 与车间用料需求量相对应;另一端在板面上与同一个小环相连,使总运费最小的位置 P 就是小环停下的平衡位置.这称为物理模拟,该模拟简单直观,运用得恰当即可以得到很好的近似.比如,此问题可适当考虑增加一些减少摩擦的措施(如增设滑轮),使模拟更逼近于现实.物理模拟法是应用数学中的一种重要方法.

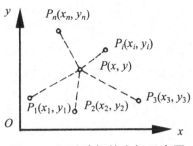

图 2-4　场址选择的坐标示意图

2.3　类比法及建模问题

2.3.1　类比法建模的原理

　　类比法是根据两个事物在某些方面的相同或相似,推测二者在某方面也可能有相同的结论,是一种由个别性前提推出个别性结论的推理方式.其结论必须通过实验来检验,类比对象共有的属性越多,结论的可靠性越高.

　　根据类比中对象的不同,可分为个别性类比、特殊性类比和普遍性类比等;根据类比中的断定不同,可分为肯定式类比、否定式类比和肯定否定式类比等;根据类比中的内容不同,可分为性质类比、关系类比、条件类比等;根据结论的可靠程度,可分为科学类比与经验类比等.

类比法主要用于系统分析中,将系统类比于实验与经验得到的数学模型,通过模型间接研究原型,以解决实际问题.

2.3.2 机电系统问题

图 2-5 所示为一个汽车系统,现研究其行驶时的垂直位移 $y(t)$ 的规律.为简化问题,假定车体的理想质量为 M,汽车的弹性和冲击阻尼分别用理想的弹簧 K 和减震器 D 表示,由此得到质量-弹簧-减震器(M-K-D) 系统,如图 2-5(b)所示.

在开始时,若机械系统的元件是线性的,根据牛顿第二定律,可得数学模型是一个二阶线性微分方程,即

$$M\frac{\mathrm{d}^2 y(t)}{\mathrm{d}t^2} + D\frac{\mathrm{d}y(t)}{\mathrm{d}t} + Ky(t) = f(t),$$

其中:$y(t)$ 为垂直位移;M 为质量;K 为弹簧劲度系数;D 为阻尼系数.

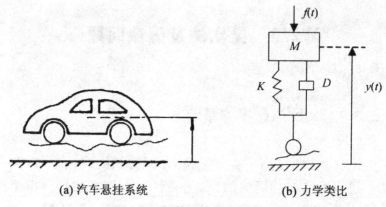

(a) 汽车悬挂系统　　　　　(b) 力学类比

图 2-5　汽车系统的物理模型

对于图 2-6(a),在 RLC 串联电路中输入电压源 $e(t)$,由基尔霍夫电压定律有

$$u_R + u_L + u_C = e(t).$$

而

$$u_R = Ri = R\frac{\mathrm{d}q}{\mathrm{d}t}, u_L = R\frac{\mathrm{d}i}{\mathrm{d}t} = L\frac{\mathrm{d}^2 q}{\mathrm{d}t^2}, u_C = \frac{1}{C}q,$$

故 RLC 串联电路的数学模型为

$$R\frac{\mathrm{d}q}{\mathrm{d}t} + L\frac{\mathrm{d}^2 q}{\mathrm{d}t^2} + \frac{1}{C}q = e(t).$$

对于图 2-6(b),将电流源 $i(t)$ 输入并联 RLC 电路,按基尔霍夫电流定律有

$$i_R + i_L + i_C = i(t).$$

又因为

$$\Phi = Li_L, u(t) = L\frac{\mathrm{d}i_L}{\mathrm{d}t} = \frac{\mathrm{d}\Phi}{\mathrm{d}t},$$

则有

$$i_R = \frac{1}{R}u = \frac{1}{R}\frac{\mathrm{d}\Phi}{\mathrm{d}t}, i_C = C\frac{\mathrm{d}u}{\mathrm{d}t} = C\frac{\mathrm{d}^2 \Phi}{\mathrm{d}t^2},$$

代入上式便得 RLC 串联电路的数学模型为

$$\frac{1}{L}\Phi + \frac{1}{R}\frac{\mathrm{d}\Phi}{\mathrm{d}t} + C\frac{\mathrm{d}^2 \Phi}{\mathrm{d}t^2} = i(t).$$

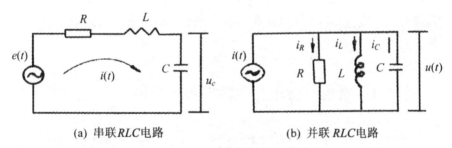

(a) 串联RLC电路　　　　　(b) 并联RLC电路

图 2-6　汽车系统的电路类比模型

由此不难得出类比关系,见表 2-1.

表 2-1　类比表

机械系统	串联电路	并联电路
作用力 $f(t)$	电压源 $e(t)$	电源流 $i(t)$

机械系统	串联电路	并联电路
速度 dy/dt	电流 dq/dt	电压 $d\Phi/dt$
位移 y	电荷 q	磁通 Φ
质量 M	电感 L	电容 C
阻尼 D	电阻 R	电导 $1/R$
弹簧劲度系数 K	倒电容 $1/C$	倒电感 $1/L$

在机电系统问题中,采用电路类比模型,可以了解汽车悬挂系统运动的稳定性,改变电路中元件数值来预测汽车的性能,从而为汽车的设计提供依据.

2.4　初等分析法及建模问题

初等分析法是指在建模过程中所用到的数学方法与知识都是初等的,常用的初等分析建模方法有量纲分析法和集合分析法.这些方法主要是根据对现实对象的认识,分析其特性之间的因果关系,找出规律,由此建立的数学模型一般具有明确的物理意义或现实意义.

2.4.1　量纲分析法及建模问题

量纲分析法是常用的定性分析方法,所建立的数学模型可应用于物理和工程领域.它根据实验与经验,利用物理定律的量纲一致原则来确定各物理量之间的关系,从而达到建模的目的.运用这种方法从某些条件出发,对物理现象进行推断,将其表示为某种具有量纲的变量的方程以分析各物理量间的关系.

1.量纲一致原则

人们在研究事物时,需要对对象进行定性或定量分析,这必然涉及许多物理量,例如长度、质量、密度、速度等,这些表示对象的不同物理特征的量,构成了不同的量纲,通常记为[·].如时间的量纲为$[T]$,长度的量纲为$[L]$等.在这些物理量中,有些物理量的量纲是基本的,如表 2-2 所示,而另外一些物理量的量纲由基本量纲推导而来,如表 2-3 所示.

表 2-2 国际单位制的基本单位

基本物理量	长度	质量	时间	电流强度	温度	光强	物质的量
物理量符号	l	m	t	I	Θ	J	n
单位	米	千克	秒	安培	开尔文	坎德拉	摩尔
单位符号	m	kg	s	A	K	cd	mol

表 2-3 常用物理量及其单位

物理量	单位	符号
力	牛顿	$N(kg \cdot m \cdot s^{-2})$
能量	焦耳	$J(kg \cdot m^2 \cdot s^{-2})$
功率	瓦特	$W(kg \cdot m^2 \cdot s^{-3})$
频率	赫兹	$Hz(s^{-1})$
压强	帕斯卡	$Pa(kg \cdot m^{-1} \cdot s^{-2})$

一个物理量 Q 可表示为若干个基本量的幂之积,称该乘幂之积的表达式

$$[Q] = [L^\alpha M^\beta T^\gamma I^\delta \Theta^\omega J^\theta N^\sigma]$$

为该物理量对选定的这一组基本量的量纲积,简称为量纲.式中,$\alpha, \beta, \gamma, \delta, \omega, \theta, \sigma$ 为量纲指数.

使用数学公式表示物理定律时,等号两端必须保持量纲一致,这种性质称为量纲一致性.如果方程中的各项具有同样的量纲,称这个方程为量纲齐次,只有两个量具有相同量纲才能作比较或运算,由此可知,物理定律是量纲齐次的.如,万有引力定律:

$f = k\dfrac{m_1 m_2}{r^2}$,其引力常数 $k = \dfrac{fr^2}{m_1 m_2}$ 的量纲为

$$[k] = [MLT^{-2}][M^{-2}L^{-2}] = [M^{-1}L^3T^{-2}],$$

所以 k 是一个有量纲的常数. 而动量定律: $mv_2 - mv_1 = f\Delta t$, 左边的量纲为 $[MLT^{-1}]$, 右边的量纲为 $[F][T] = [MLT^{-2}][T] = [MLT^{-1}]$, 于是, 等号两边量纲是一致、齐次的.

根据量纲齐次性原则, 有如下量纲分析法的基本定理.

定理 2.4.1(Buckingham Pi 定理)   对于 m 个物理量 q_1, $q_2, \cdots, q_m$, 有某定律:

$$f(q_1, q_2, \cdots, q_m) = 0.$$

又 $X_1, X_2, \cdots, X_n$ 为基本量纲($n \leqslant m$), 且 q_j 的量纲可表示为 $[q_j] = \prod_{i=1}^{n} X_i^{a_{ij}}(j = 1, 2, \cdots, m)$. 量纲矩阵为 $\boldsymbol{A} = (a_{ij})_{n \times m}$, 如果 $\boldsymbol{A}$ 的秩 $\mathrm{rank}(\boldsymbol{A}) = r$, 可设线性齐次方程组 $\boldsymbol{AY} = \boldsymbol{0}$ 的 $m - r$ 个基本解为 $\boldsymbol{y}_k = (y_{k_1}, y_{k_2}, \cdots, y_{k_m})^{\mathrm{T}}(k = 1, 2, \cdots, m - r)$, 那么 $\pi_k = \prod_{j=1}^{m} q_j^{y_{k_j}}$ 为 $m - r$ 个相互独立的无量纲的量, 且 $F(\pi_1, \pi_2, \cdots, \pi_{m-r}) = 0$ 与 $f(q_1, q_2, \cdots, q_m) = 0$ 等价, 其中 $\boldsymbol{Y}$ 为 m 维向量, F 为一个未知函数.

2. 量纲分析的一般步骤

在进行量纲分析时, 其一般步骤是:

(1)决定所研究问题包含的各个变量: $q_1, q_2, \cdots, q_m$;

(2)根据问题所包含的物理意义确定基本量纲, 记为 $X_1, X_2, \cdots, X_n(n \leqslant m)$;

(3)写出变量 q_j 的量纲:

$$[q_j] = \prod_{i=1}^{n} X_i^{a_{ij}}(j = 1, 2, \cdots, m);$$

(4)设问题中的变量 $q_1, q_2, \cdots, q_m$ 满足等式关系 $\pi = \prod_{j=1}^{m} q_j^{y_j}$, y_j 为待定. $[\pi] = \prod_{i=1}^{m} X_i^{a_i} = 1$ 为无量纲量, 其中

$$a_i = \sum_{j=1}^{m} a_{ij} y_j = 0 (i = 1, 2, \cdots, n).$$

解线性方程组 $AY = 0$，其中 $A = (a_{ij})_{n \times m}$，$\mathrm{rank}(A) = r$，得到 $m - r$ 个基本解

$$y_k = (y_{k_1}, y_{k_2}, \cdots, y_{k_m})^{\mathrm{T}} (k = 1, 2, \cdots, m - r);$$

(5)记 $\pi_k = \prod_{j=1}^{m} q_j^{y_{k_j}}$，则 $\pi_k (k = 1, 2, \cdots, m - r)$ 为无量纲量；

(6)通过方程 $F(\pi_1, \pi_2, \cdots, \pi_{m-r}) = 0$ 得出相关规律.

3. 单摆运动问题

将细线悬挂的小球离开平衡位置后，在重力的作用下所做的平面周期运动称为单摆运动. 为简化问题可作以下假设：

(1)将质量为 m 的小球系在长度为 l 的细线的一端，小球受重力 mg 的作用在稍偏离平衡位置后开始做摆动，g 为重力加速度，忽略空气阻力；

(2)忽略运动过程中可能存在的摩擦力的作用；

(3)摆线不发生形变且忽略摆线质量.

依据量纲分析的步骤，有：

(1)该问题所包含的物理量有：小球质量 m、摆线长 l、周期 t、重力加速度 g、单摆的振幅 θ；

(2)确定基本量纲：L, M, T；

(3)写出物理量 t, l, m, g, θ 的量纲：

$$[t] = L^0 M^0 T^1, [l] = L^1 M^0 T^0, [m] = L^0 M^1 T^0,$$
$$[g] = L^1 M^0 T^{-2}, [\theta] = L^0 M^0 T^0;$$

(4)设变量 t, l, m, g, θ 满足等式关系 $\pi = t^{y_1} l^{y_2} m^{y_3} g^{y_4} \theta^{y_5}$，其中 y_j 为待定. 而

$$\pi = t^{y_1} l^{y_2} m^{y_3} g^{y_4} \theta^{y_5}$$
$$= (L^0 M^0 T^1)^{y_1} (L^1 M^0 T^0)^{y_2} (L^0 M^1 T^0)^{y_3} (L^1 M^0 T^{-2})^{y_4} (L^0 M^0 T^0)^{y_5}$$
$$= L^0 M^0 T^0$$

为无量纲量，则 $L^{y_2 + y_4} M^{y_3} T^{y_1 - 2y_4} = L^0 M^0 T^0$. 解线性方程组 $AY = 0$，其中

$$A = \begin{pmatrix} 0 & 1 & 0 & 1 & 0 \\ 0 & 0 & 1 & 0 & 0 \\ 1 & 0 & 0 & -2 & 0 \end{pmatrix}.$$

由 rank(A)=3 得到方程组的两个基本解

$$(0 \quad 0 \quad 0 \quad 0 \quad 1)^{\mathrm{T}} \text{ 和} (2 \quad -1 \quad 0 \quad 1 \quad 0)^{\mathrm{T}};$$

(5) $\pi_1 = \theta, \pi_2 = t^2 l^{-1} g$ 为两个相互独立的无量纲量;

(6)由 Buckingham Pi 定理,单摆运动中各变量之间的关系 $f(t, l, m, g, \theta) = 0$ 与 $F(\pi_1, \pi_2) = 0$ 等价. 即 $F(\theta, t^2 l^{-1} g) = 0$,由隐函数存在定理得单摆运动的数学模型为

$$t^2 l^{-1} g = \sigma(\theta) \text{ 或 } t = \varphi(\theta) \sqrt{\frac{1}{g}},$$

其中 $\varphi(\theta)$ 为待定函数. 通过实验可知,在运动过程中的单摆振幅较小时,$\varphi(\theta)$ 近似为一个常数 2π. 于是,我们得到通常所见的单摆运动的数学模型为

$$t = 2\pi \sqrt{\frac{1}{g}}.$$

4. 航船的阻力问题

设长为 l、吃水深度为 h 的船以速度 v 航行,不考虑风的影响,则船在航行中所受阻力 f 与 l, h, v,水密度 ρ,水的黏性系数 μ 以及重力加速度 g 有关.

(1)设此问题涉及的所有物理量满足关系式

$$\varphi(f, l, h, v, \rho, \mu, g) = 0;$$

(2)基本量纲为 L, M, T;

(3)写出各物理量的量纲,易知

$$[f] = LMT^{-2}, [l] = L, [h] = L, [v] = LT^{-1},$$
$$[\rho] = L^{-3} M, [g] = LT^{-2},$$

而 μ 的量纲由 $p = \mu \dfrac{\partial v}{\partial x}$ 决定,其中 p 为压强,v 为流速,x 为位移,所以

$$[\mu] = [p][x][v]^{-1} = [LMT^{-2} L^{-2}][L][LT^{-1}]^{-1} = L^{-1} MT^{-1};$$

（4）量纲矩阵为

$$\mathbf{A} = \begin{bmatrix} 1 & 1 & 1 & 1 & -3 & -1 & 1 \\ 1 & 0 & 0 & 0 & 1 & 1 & 0 \\ -2 & 0 & 0 & -1 & 0 & -1 & 2 \end{bmatrix} \begin{matrix} [L] \\ [M] \\ [T] \end{matrix},$$

$$(f)\ (l)\ (h)\ (v)\quad(\rho)\quad(\mu)\quad(g)$$

解线性方程组 $\mathbf{AY} = \mathbf{0}$，其中 $\text{rank}(\mathbf{A}) = 3$，故可得到方程组的 4 个基本解，即为

$$y_1 = (0\quad 1\quad -1\quad 0\quad 0\quad 0\quad 0)^{\mathrm{T}},$$
$$y_2 = (0\quad 1\quad 0\quad -2\quad 0\quad 0\quad 1)^{\mathrm{T}},$$
$$y_3 = (0\quad 1\quad 0\quad 1\quad 1\quad -1\quad 0)^{\mathrm{T}},$$
$$y_4 = (1\quad -2\quad 0\quad -2\quad -1\quad 0\quad 0)^{\mathrm{T}};$$

（5）由基本解得到相互独立的无量纲量，即

$$\pi_1 = lh^{-1}, \pi_2 = lv^{-2}g, \pi_3 = lv\rho\mu^{-1}, \pi_4 = fl^{-2}v^{-2}\rho^{-1};$$

（6）通过 Buckingham Pi 定理得，$\varphi(f, l, h, v, \rho, \mu, g) = 0$ 与 $F(\pi_1, \pi_2, \pi_3, \pi_4) = 0$ 等价，则阻力 f 的显式表达式为

$$f = l^2 v^2 \rho F(\pi_1, \pi_2, \pi_3),$$

其中 F 为未定函数. 在流体力学中可称 $\dfrac{v}{\sqrt{gl}}$ 为 Froude 数，π_3 为 Reynold 数，记为

$$\text{Fr} = \frac{v}{\sqrt{gl}}, \text{Re} = \frac{lv\rho}{\mu},$$

则阻力 f 与其他物理量间的关系为

$$f = l^2 v^2 \rho F(lh^{-1}, \text{Fr}, \text{Re}).$$

在对实际问题应用量纲分析法时，最重要的是找出所有与问题有关的物理量，包括变量与常量. 因为不论包含了无关变量或是丢掉了必需变量，都会使构造的无量纲量出现错误和矛盾. 因此，量纲分析法具有较大的局限性，主要用于定性描述.

2.4.2　集合分析方法及建模问题

集合是数学中的一个基本概念，集合论是研究集合一般性质

的数学基础分支,也是数学分析、实变函数论的重要基础.理论上认为,集合与集合论的有关概念和理论是非常抽象的,不便于在实际中应用.但事实上,对于实际中的许多问题,往往是问题所包含的相关因素之间的关系比较复杂,用简单的语言文字难以表达,但是用集合的概念、术语和子集之间的运算关系来解释、描述这个实际问题可能更清晰、更直接、更方便,同时借助集合论的相关理论可以得到具有实际意义的结果.

1. 集合的概念

集合是指具有某种特定性质的事物全体,该事物可具体可抽象,其中构成集合的每个事物称为集合的元素.通常用大写字母 A,B,C,D 等表示集合,而用小写字母 a,b,c,d 等表示集合中的元素.

设 A 为一个集合,对于事物 x 而言,其可能是集合 A 的一个元素,也可能不是集合 A 的元素,且两者之间必有一种关系成立.如果 x 是集合 A 的元素,称 x 属于集合 A,记为 $x \in A$,否则称 x 不属于集合 A,记为 $x \notin A$.

当 A 是具有某种性质 P 的元素全体构成的集合时,通常将其表示为

$$A = \{x \mid x \text{ 具有的性质 } P\}.$$

设 A,B 是两个集合,如果 A 中的任一个元素都能在 B 中找到,则称集合 A 是集合 B 的子集,记为 $A \subset B$,即 A 包含在 B 中,或记为 $B \supset A$,即 B 包含 A.由此显然有 $A \subset A$ 成立.如果 $A \subset B$,且 $B \subset A$,那么集合 A 中元素与集合 B 中元素一样,则称集合 A 与集合 B 相等,或集合 A 等于集合 B,记为 $A = B$.

如果一个集合中不含有任何元素,则称此集合为空集,通常记为 $\varnothing$.

2. 集合的运算

集合的运算可以归纳为如下几条:

(1) 假设有 A, B 两个集合,由两集合中的所有元素组成的集合称为 A 与 B 的并集,简称为并,记为 $A \bigcup B$.

并集的概念可以推广到任意有限个或无限个集合的情况,即有限个集合的并集为 $\bigcup\limits_{i=1}^{N} A_i$,无限个集合的并集为 $\bigcup\limits_{i=1}^{\infty} A_i$.

(2) 由所有同时属于两集合 A, B 的元素组成的集合称为 A 与 B 的交集,简称为交,记为 $A \bigcap B$.

类似于并集,交集也可推广到任意有限个或无限个集合的情况,即有限个集合的交集为 $\bigcap\limits_{i=1}^{N} A_i$,无限个集合的交集为 $\bigcap\limits_{i=1}^{\infty} A_i$.

(3) 由集合 A 中不属于集合 B 的元素全体组成的集合为集合 A 与集合 B 的差集,记为 $A-B$. 当 $B \subset A$ 时,称差集 $A-B$ 为 B 关于 A 的余集,记为 $C_A B$.

称 $(A-B) \bigcup (B-A)$ 为集合 A 与集合 B 的对称差,记为 $A \triangle B$. 对于 A, B 两个集合,当 $A \bigcap B = \varnothing$ 时,就称集合 A 与集合 B 独立. 当 $A \bigcap B \neq \varnothing$ 时,集合 A 与集合 B 相交.

(4) 设 $A_1, A_2, \cdots, A_n, \cdots$ 是任意一列集合,由属于集合列中无限多个集合的元素全体组成的集合为这一列集合的上限集,记作 $\overline{\lim\limits_{n}} A_n$. 对于某个指标 n_0,由集合列中所有满足 $n > n_0$ 的集合 A_n 的元素全体组成的集合为集列的下限集,记为 $\underline{\lim\limits_{n}} A_n$. 显然有

$$\overline{\lim\limits_{n}} A_n \supset \underline{\lim\limits_{n}} A_n.$$

通过定义可证明

$$\overline{\lim\limits_{n}} A_n = \bigcap\limits_{n=1}^{\infty} \bigcup\limits_{m=n}^{\infty} A_m,$$

$$\underline{\lim\limits_{n}} A_n = \bigcup\limits_{n=1}^{\infty} \bigcap\limits_{m=n}^{\infty} A_m.$$

如果集合列 $\{A_n\}$ 的上限集与下限集相等,即 $\overline{\lim\limits_{n}} A_n = \underline{\lim\limits_{n}} A_n$,则称集合列 $\{A_n\}$ 收敛. 若有 $A = \overline{\lim\limits_{n}} A_n = \underline{\lim\limits_{n}} A_n$,则称 A 为集合列 $\{A_n\}$ 的极限集,记为 $A = \lim\limits_{n \to \infty} A_n$.

(5) 设 X 为一固定的非空集合,A 为 X 的子集. 作 X 上的函数

$$\chi_A(x) = \begin{cases} 1, x \in A, \\ 0, x \notin A, \end{cases}$$

则称 $\chi_A(x)$ 为集合 A 的特征函数.

显然集合 A 完全由它的特征函数所确定,即当 $\chi_A(x) \equiv \chi_B(x)$ 时有 $A = B$.

3. 合理分配与会人员问题

(1) 提出问题. 公司在召开董事会议时,常把与会人员分成若干个小组来安排开会. 会议分多次,且每次由不同的人参加. 假设有 29 位公司董事会成员参加会议,9 位为在职董事. 会议 9 点开始,持续一天,共七段,每段会议开 45min 且每整点开始开会,上午有三段会议,每段有 6 个小组讨论会,讨论会由资深职员主持,主持后将不参加下午的讨论会,而下午开四段会议且每段有 4 个小组讨论会. 现公司董事长需要一份由公司董事参加分组会议的小组分配名单,要求名单尽可能多地将董事均匀分配. 理想的分配方法应是任意两位董事同时参加一个小组讨论会的次数相同,与此同时,在不同时段的小组讨论会中一起开过会的董事总数达到最小. 名单中的分配应满足:

① 上午的讨论会中,不能出现一位董事参加一位资深职员主持的两次会议;

② 每个分组讨论会都应将在职董事均匀分配到各小组中.

(2) 模型条件. 结合具体实际可知,要建立的模型需要满足这些条件:各会议及各小组是相对独立的;所有的参会人员都严格遵守派遣方案;当每位董事出席会议的次数相等时,模型是最理想的;6 位主持的资深职员间无差异,同样地,9 位在职董事、20 位外部董事也无差异. 根据需要引入下列符号:

① $O = \{o_i \mid i = 1, 2, \cdots, 6\}$ 为 6 位资深职员 $o_i(i = 1, 2, \cdots, 6)$ 的集合;

② $M = \{m_i \mid i = 1, 2, \cdots, 29\}$ 为所有 29 位董事会成员 $m_i(i = 1, 2, \cdots, 29)$ 的集合;

③$I(9) = \{m_i \mid i = 1, 2, \cdots, 9\}$ 为在职董事会成员 $m_i(i = 1, 2, \cdots, 9)$ 的集合；

④$E(20) = \{m_i \mid i = 10, 11, \cdots, 29\} = M - I(9)$ 为外部董事会成员 $m_i(i = 10, 11, \cdots, 29)$ 的集合；

⑤G_n 为在一次会议中第 $n(1 \leqslant n \leqslant 6)$ 组参会成员的集合；

⑥$G_n^{(k)}$ 为会议的第 $n(1 \leqslant n \leqslant 6)$ 组经第 k 次分配后的会议成员集合，每次分配一名成员；

⑦a_{ij} 为董事会第 i 位成员与第 j 位成员被分在同一组的次数 $(1 \leqslant i, j \leqslant 29, i \neq j)$；

⑧$w(k)$ 为同一组有两位董事会成员时被赋予的权重；

⑨b_{ij} 为 $o_i(i = 1, 2, \cdots, 6)$ 与 $m_i(i = 1, 2, \cdots, 29)$ 之前是否同组的指标，即当属于同一组时取值为 1，否则取值为 0；

⑩$R_i^{(k)} = G_i^{(k)} \bigcap I(9)$ 为 $G_i^{(k)}$ 中在职董事的数量；

⑪$h_i/2$ 为两位在职董事在同一组中达到 i 次的对数；

⑫t_i 为第 i 组中在职董事数与外部董事数之比.

（3）模型分析. 由上述假设可以知道，每位资深职员或董事会成员被分配到任意会议讨论组的可能性是一样的，同时，他们中的任何人都不能根据其意愿自主选择会议讨论组. 根据问题要求总结出均衡分配原则，即尽可能使各讨论组成员人数相等. 分配方案为：上午的分组会议共 6 组，其中的 1 个组由 4 位董事会成员组成，其他的 5 个组中每组由 5 位董事会成员组成. 6 组中有 3 个组每组有 2 位在职董事，而另外 3 个组每组只有 1 位在职董事. 且对于每一组成员的分配是随机的.

（4）建立模型. 根据问题中的具体情况，分以下几步建立数学模型.

第一步：确定上午第一场会议的分配方案. 首先，随机地把 29 位董事会成员分成 6 组，其中 1 个组由 4 位成员组成，其他 5 个组每组由 5 位成员组成. 然后，随机地将集合 O 中的 6 位资深职员分配到每一个组中，分别记为 $G_i(i = 1, 2, \cdots, 6)$，从而完成分配.

第二步:确定上午第二场会议的分配方案.首先,任意取一个 $o_i \in O$,将其分到 G_i 中,即 $o_i \in G_i (i = 1, 2, \cdots, 6)$,从而使每个组 G_i 都有一位资深职员 $o_i (i = 1, 2, \cdots, 6)$ 作为主持.然后分配董事会成员,具体方法如下:

① 先为每一组 G_i 分配第一个董事会成员.对于任一董事会成员 $m_{j_1} \in M (1 \leqslant i \leqslant 29)$,若 $b_{ij_1} = 0$,则令 $G_i^{(1)} = \{m_{j_1}\}$.否则,随机选取另一 $m_{j_2} \in M (j_1 \neq j_2)$,直到 $b_{ij_2} = 0$,并令 $G_i^{(1)} = \{m_{j_2}\}$ $(i = 1, 2, \cdots, 6)$.

② 假设已为每一个组分配了 $k-1$ 位董事会成员,即

$$G_i^{(k-1)} = \{\overline{m}_{j_1}, \overline{m}_{j_2}, \cdots, \overline{m}_{j_{k-1}}\} (2 \leqslant k \leqslant 5)$$

已确定.现要分配 G_i 中的第 k 位董事会成员,即

$$G_i^{(k)} = G_i^{(k-1)} \bigcup \{m_{j_k}\} (2 \leqslant k \leqslant 5)).$$

随机选 $m_{j_k} \in M - \bigcup_{i=1}^{6} G_i^{(k-1)}$,计算 b_{ij_k} 的值,根据 $b_{ij_k} = 0$ 或 $b_{ij_k} = 1$ 分别考虑.如果 $b_{ij_k} = 0$,有以下两种情况:

a. 若 $m_{j_k} \in I(9)$,确定 $R_i^{(k-1)}$.当 $R_i^{(k-1)} < 2$ 时,$G_i^{(k)} = \{\overline{m}_{j_1}, \overline{m}_{j_2}, \cdots, \overline{m}_{j_{k-1}}, m_{j_k}\}$;当 $R_i^{(k-1)} = 2$ 时,选择另一位董事会成员 $m_{j_k'} \in (M - \bigcup_{i=1}^{6} G_i^{(k-1)}) \bigcap I(9)$,直到 $b_{ij_k'} = 0$ 且 $R_i^{(k-1)} < 2$,此时 $G_i^{(k)} = \{\overline{m}_{j_1}, \overline{m}_{j_2}, \cdots, \overline{m}_{j_{k-1}}, m_{j_k'}\}$.

b. 如果 $m_{j_k} \notin I(9)$,记

$$C = \{m_j \mid b_{ij} = 0, m_j \in M - \bigcup_{i=1}^{6} G_i^{(k-1)}, m_j \notin I(9)\}$$

为所有候选的外部董事集合.对于每个 $m_j \in C$,计算 $q(m_j) = \sum_{m(i) \in C} w(a_{ij})$,在集合 C 中求出使得 $q(m_{j_k}) = \min\limits_{m(j) \in C} q(m_j)$ 的 m_{j_k},且

$$G_i^{(k)} = \{\overline{m}_{j_1}, \overline{m}_{j_2}, \cdots, \overline{m}_{j_{k-1}}, m_{j_k}\}.$$

如果 $b_{ij_k} = 1$,可选另一董事会成员 $m_{j_k'} \in M - \bigcup_{i=1}^{6} G_i^{(k-1)}$,直到 $b_{ij_k'} = 0$.重复使用上述方法,也可确定集合 $G_i^{(k)}$.最终,我们可确定 $G_i = G_i^{(5)} (i = 1, 2, \cdots, 6)$,从而得到第二场会议的分配结果.

第三步:利用上述方法得到上午第三场会议的分组结果.

第四步:确定下午分组会议的分配方案,具体方法如下:

① 随机选择 $m_{j_1}, m_{j_2}, m_{j_3}, m_{j_4} \in M$,作为下午各组的第一位成员.

② 重复上面的第二、三步,注意四个组的在职董事分配比例为 $2:2:2:3$.从而可以得到下午每场会议的分配方案.

(5) 模型求解.利用计算机模拟求解可得到该数学模型的解,即为所求的分配方案:$w(0) = 0, w(1) = 1, w(2) = 3, w(3) = 6$, $w(4) = 40, w(5) = 100$.具体见表 2-4.

表 2-4 与会人员的分组结果

第一场会议分组

G_1	O_1	m_9	m_{14}	m_{19}	m_{26}	m_{29}
G_2	O_2	m_1	m_{20}	m_{21}	m_{27}	
G_3	O_3	m_3	m_{10}	m_{22}	m_{24}	m_{28}
G_4	O_4	m_4	m_7	m_{11}	m_{15}	m_{16}
G_5	O_5	m_5	m_6	m_{12}	m_{17}	m_{23}
G_6	O_6	m_2	m_8	m_{13}	m_{18}	m_{25}

第二场会议分组

G_1	O_1	m_6	m_{13}	m_{15}	m_{22}	m_{27}
G_2	O_2	m_4	m_{12}	m_{18}	m_{24}	m_{26}
G_3	O_3	m_1	m_7	m_{23}	m_{25}	m_{29}
G_4	O_4	m_2	m_9	m_{17}	m_{20}	m_{28}
G_5	O_5	m_8	m_{10}	m_{14}	m_{16}	
G_6	O_6	m_3	m_5	m_{11}	m_{19}	m_{21}

第三场会议分组

G_1	O_1	m_7	m_8	m_{17}	m_{21}	m_{24}
G_2	O_2	m_2	m_{16}	m_{19}	m_{22}	m_{23}
G_3	O_3	m_5	m_9	m_{15}	m_{18}	
G_4	O_4	m_3	m_{12}	m_{14}	m_{25}	m_{27}
G_5	O_5	m_1	m_{11}	m_{13}	m_{26}	m_{28}
G_6	O_6	m_4	m_6	m_{10}	m_{20}	m_{29}

第四场会议分组

G_1	m_2	m_4	m_{14}	m_{15}	m_{21}	m_{23}	m_{28}
G_2	m_5	m_7	m_{10}	m_{12}	m_{13}	m_{19}	m_{20}	m_{26}
G_3	m_6	m_8	m_9	m_{11}	m_{22}	m_{24}	m_{25}
G_4	m_1	m_3	m_{16}	m_{17}	m_{18}	m_{27}	m_{29}

第五场会议分组

G_1	m_3	m_8	m_{15}	m_{17}	m_{20}	m_{23}	m_{26}
G_2	m_1	m_4	m_9	m_{12}	m_{13}	m_{21}	m_{22}
G_3	m_2	m_5	m_{10}	m_{11}	m_{24}	m_{27}	m_{29}
G_4	m_6	m_7	m_{14}	m_{16}	m_{18}	m_{19}	m_{25}	m_{28}

第六场会议分组

G_1	m_1	m_8	m_{10}	m_{12}	m_{15}	m_{19}	m_{28}
G_2	m_3	m_7	m_{11}	m_{14}	m_{18}	m_{20}	m_{22}	m_{23}
G_3	m_2	m_5	m_{13}	m_{17}	m_{24}	m_{25}	m_{27}
G_4	m_4	m_6	m_9	m_{16}	m_{21}	m_{26}	m_{29}

第七场会议分组							
G_1	m_2	m_{10}	m_{13}	m_{14}	m_{17}	m_{22}	m_{26}
G_2	m_3	m_7	m_{12}	m_{21}	m_{24}	m_{28}	m_{29}
G_3	m_4	m_6	m_8	m_{11}	m_{18}	m_{19}	m_{23} m_{27}
G_4	m_1	m_5	m_9	m_{15}	m_{16}	m_{20}	m_{25}

（6）检验与分析. 由计算机模拟检验的结果显示：$w(k)$ 的变化对 $h_i/2$ 有一定影响，但对期望 $E = \dfrac{\sum\limits_{i=1}^{7} ih_i}{29 \times 28}$ 和方差 $D = \dfrac{\sum\limits_{i=1}^{7} (i-E)^2 h_i}{28 \times 29}$ 几乎没有影响. 故该均衡分配模型具有较高的稳定性.

2.5 微分方程方法及建模问题

2.5.1 微分方程基本知识

1. 一阶方程的平衡点与稳定性

称右端不显含自变量 t 的微分方程 $x'(t) = f(x)$ 为自治方程. 代数方程 $f(x) = 0$ 的实根 $x = x_0$ 为方程的平衡点或奇点，也是方程的解.

在实际问题中，我们不仅要得到问题的解，还要讨论 $t \to \infty$ 时解的变化趋势. 若存在某个邻域，使方程的解 $x(t)$ 从这个邻域内的某个 $x(0)$ 出发，满足

$$\lim_{t \to \infty} x(t) = x_0,$$

则称平衡点 x_0 是稳定的,否则,称 x_0 是不稳定的.

判断平衡点 x_0 是否稳定,可在 x_0 点处对 $f(x)$ 作 Taylor 展开,只取一次项,可得 $x'(t) = f(x)$ 的近似线性方程为

$$\frac{\mathrm{d}x}{\mathrm{d}t} = f'(x)(x - x_0).$$

显然,x_0 也是线性方程的平衡点.

关于 x_0 的稳定性有以下结论:

(1)若 $f'(x_0) < 0$,则 x_0 是稳定的;

(2)若 $f'(x_0) > 0$,则 x_0 是不稳定的.

2. 二阶方程的平衡点与稳定性

二阶方程可表示为

$$\begin{cases} x_1{}'(t) = f(x_1, x_2), \\ x_2{}'(t) = g(x_1, x_2), \end{cases}$$

则代数方程组 $\begin{cases} f(x_1, x_2) = 0 \\ g(x_1, x_2) = 0 \end{cases}$ 的实根 $x = x_0, y = y_0$ 为平衡点,记作 $P_0(x_0, y_0)$,它也是方程组的解.

如果存在某个邻域,使方程组的解 $x(t), y(t)$ 从这个邻域内的某个 $x(0), y(0)$ 出发,满足

$$\lim_{t \to \infty} x(t) = x_0, \lim_{t \to \infty} y(t) = y_0,$$

则称平衡点 $P_0(x_0, y_0)$ 是稳定的.

平衡点 $P_0(x_0, y_0)$ 是否稳定的判别准则是:设

$$p = -\left[\frac{\partial f(P_0)}{\partial x} + \frac{\partial g(P_0)}{\partial y} \right], q = \begin{vmatrix} \dfrac{\partial f(P_0)}{\partial x} & \dfrac{\partial f(P_0)}{\partial y} \\ \dfrac{\partial g(P_0)}{\partial x} & \dfrac{\partial g(P_0)}{\partial y} \end{vmatrix},$$

则当 $p > 0$ 且 $q > 0$ 时,平衡点 $P_0(x_0, y_0)$ 是稳定的;当 $p < 0$ 或 $q < 0$ 时,平衡点 $P_0(x_0, y_0)$ 是不稳定的.

对于二阶非线性方程组,可在平衡点处作 Taylor 展开,再取一次项得到其近似线性方程组,且二者在 $p, q \neq 0$ 时有相同的平

衡点和稳定性,所以可以只讨论二阶线性常系数方程组.

二阶线性方程组

$$\begin{cases} \dfrac{\mathrm{d}x}{\mathrm{d}t} = a_1 x + a_2 y, \\[2mm] \dfrac{\mathrm{d}y}{\mathrm{d}t} = b_1 x + b_2 y, \end{cases}$$

其系数矩阵为

$$\boldsymbol{A} = \begin{bmatrix} a_1 & a_2 \\ b_1 & b_2 \end{bmatrix},$$

故方程组有唯一平衡点 $P_0(0,0)$. 则

$$p = -(a_1 + b_1), q = \det(\boldsymbol{A}) \neq 0,$$

且方程组的特征方程 $\det(\boldsymbol{A} - \lambda \boldsymbol{I}) \neq 0$ 有特征根

$$\lambda_1, \lambda_2 = \frac{1}{2}(-p \pm \sqrt{p^2 - 4q}).$$

综上,方程组平衡点的类型及稳定性,完全由特征根 λ_1, λ_2 或相应的 p, q 的取值所确定,结果见表 2-5.

表 2-5　由特征方程决定的平衡点的类型及稳定性

λ_1, λ_2	p, q	平衡点的类型	稳定性
$\lambda_1 < \lambda_2 < 0$	$p > 0, q > 0, p^2 > 4q$	稳定结点	稳定
$\lambda_1 > \lambda_2 > 0$	$p < 0, q > 0, p^2 > 4q$	不稳定结点	不稳定
$\lambda_1 < 0 < \lambda_2$	$p < 0$	鞍点	不稳定
$\lambda_1 = \lambda_2 < 0$	$p > 0, q > 0, p^2 = 4q$	稳定退化结点	稳定
$\lambda_1 = \lambda_2 > 0$	$p < 0, q > 0, p^2 = 4q$	不稳定退化结点	不稳定
$\lambda_{1,2} = \alpha \pm \beta i, \alpha < 0$	$p > 0, q > 0, p^2 < 4q$	稳定结点	稳定
$\lambda_{1,2} = \alpha \pm \beta i, \alpha > 0$	$p < 0, q > 0, p^2 < 4q$	不稳定结点	不稳定
$\lambda_{1,2} = \alpha \pm \beta i, \alpha = 0$	$p = 0, q > 0$	中心	不稳定

2.5.2　微分方程模型的建立

自然科学(如物理、化学、生物、天文)和社会科学(如工程、经

济、军事)中的大量问题可以用微分方程来描述.在描述实际对象的某些特性随时间的演变过程、分析其变化规律、预测其未来形态时,要想建立该实际对象的动态模型,通常用到微分方程模型.

1.建立微分方程模型的过程及步骤

建立微分方程模型的过程为:首先,对具体问题作简化假设;其次,依据对象内在的或类比于其他对象的规律列出微分方程;最后,得出方程的解并将结果应用到实际对象,这样便实现了对实际对象的描述、分析、预测和控制.一般步骤为:

(1)根据实际问题确定要研究的物理量,包括自变量、未知函数、重要参数等;

(2)依据物理学、几何学、化学或生物学等学科的相关知识,找出这些量所满足的基本规律;

(3)运用这些规律列出方程和定解条件.

2.建立微分方程的基本准则

在建立微分方程时,需遵循以下几个基本准则:
(1)翻译.将研究的对象翻译成变量的连续函数.
(2)转化.将实际问题中涉及的概念与数学术语相联系.如,在实际问题中,有许多与导数相对应的常用词:物理学中的"速率",生物学、人口学中的"增长率",放射性问题中的"衰变",以及经济学中的"边际"等,要注意它们之间的相互利用转化.

(3)模式.找出问题遵循的变化模式,可分为下面三种方法:
①利用力学、数学、物理及化学等学科中的已有规律,对某些实际问题列出微分方程;

②模拟近似法.在生物、经济等学科中,许多现象满足的规律并不明确,此时,便可遵循变化模式:

改变量=净变化量=输入量-输出量,
从而得到微分方程;

③微分分析法.在建立微元间的关系时,需对微元运用已知的规律与定律.

（4）建立瞬时表达式. 根据问题遵循的变化模式, 建立在 Δt 时段上的函数 $x(t)$ 的增长量 Δx 的表达式, 然后令 $\Delta t \to 0$, 即得到 $\dfrac{\mathrm{d}x}{\mathrm{d}t}$ 的表达式.

（5）单位. 在建立微分方程模型过程中, 等式两端应采用同样的单位.

（6）确定初始或边界条件. 这些条件是已知的关于系统在某一特定时刻或边界上的信息, 独立于微分方程而成立, 用于确定有关的常数. 为了完整地给出问题陈述, 应将这些已知的条件和微分方程一起列出来.

2.5.3　传染病问题

随着人类文明的不断发展、卫生设施的改善与医疗水平的提高, 以前曾肆虐全球的一些传染性疾病已经得到了有效的控制. 但是, 伴随着经济的增长, 一些新的传染性疾病, 如 2003 年时曾给世界人民带来深重灾难的 SARS 病毒和如今依然在世界范围蔓延的艾滋病毒, 仍在危害着全人类的健康. 长期以来, 建立传染病模型来描述传染病的传播过程, 分析受感染人数的变化规律, 预报传染病高潮的到来等, 一直是医学研究领域关注的课题.

1. 简单模型

（1）模型假设条件. 为了建立简单的传染病问题模型, 首先引入如下假设条件：

① 每个病人在单位时间内传染的人数是常数 K_0；

② 一个人得病后, 经久不愈, 且在传染期内不会死亡.

（2）模型的建立与求解. 在上述假设条件的基础上就可建立模型. 记 $i(t)$ 表示 t 时刻病人数, K_0 表示每个病人单位时间内传染的人数. $i(0) = i_0$, 即最初有 i_0 个传染病人. 则在时间 Δt 内增加的病人数为

$$i(t + \Delta t) - i(t) = K_0 i(t) \Delta t,$$

于是得微分方程

$$\begin{cases} \dfrac{\mathrm{d}i(t)}{\mathrm{d}t} = K_0 i(t), \\ i(0) = i_0. \end{cases}$$

该微分方程就是所要建立的简单模型,对模型进行数学求解.显然,该简单模型的解为

$$i(t) = i_0 \mathrm{e}^{K_0 t}.$$

(3)模型的分析与解释.上述结果与传染病传播初期比较吻合.传染病传播初期,被传染人数按指数函数增长.但由 $\begin{cases} \dfrac{\mathrm{d}i(t)}{\mathrm{d}t} = K_0 i(t) \\ i(0) = i_0 \end{cases}$ 的解推出,当 $t \to \infty$ 时,$i(t) \to \infty$,这不符合实际情况.问题在于假设不合理.因为在传播初期,传染病人少,未被传染者多,而在传染病传播中期和后期,传染病人逐渐增多,未被传染者逐渐减少,因而在不同时期的传染情况是不同的,并不能维持传染人数是常数.

2. SI 模型

(1)模型的假设条件.为了建立 SI 模型,需要引入如下假设条件:

①不考虑生死和迁移,即总人数不变为 N.人群分为易感染者和已感染者.时刻 t 时两类人所占比例分别是 $s(t),i(t)$;

②每个病人每天的平均有效接触人数为常数 λ,即病人与健康者接触时会使其感染为病人.

(2)模型的建立与求解.每个病人每天感染 $\lambda s(t)$ 个健康者,t 到 $t + \Delta t$ 的感染人数增量为 $\lambda N s(t)i(t)$,即

$$Ni(t + \Delta t) - Ni(t) = \lambda N s(t) i(t).$$

那么,在时刻 t 的病人人数所占比例 $i(t)$ 满足方程

$$\frac{\mathrm{d}i(t)}{\mathrm{d}t} = \lambda i(t)(1 - i(t)), s(t) + i(t) = 1.$$

再设 $t = 0$ 时病人比例为 i_0,便得到微分方程初值问题,其解为

$$i(t) = \frac{1}{1 + \left(\frac{1}{i_0} - 1\right)e^{-\lambda t}}.$$

(3)模型的分析解释.如图 2-7 和图 2-8 所示为 $\frac{\mathrm{d}i(t)}{\mathrm{d}t}$-$i(t)$ 与 $i(t)$-t 的图形,通过分析可以得到传染病传播的一些规律.由模型及解可知,在 $i(t) = \frac{1}{2}$ 时,$\frac{\mathrm{d}i(t)}{\mathrm{d}t}$ 达到最大,此时 t 为

$$t_m = \lambda^{-1}\ln\left(\frac{1}{i_0} - 1\right).$$

时间 t_m 与日接触率 λ 成反比,t_m 预示传染病高潮的到来,λ 表示该地区的卫生水平,λ 越小,卫生水平越高.所以改善保健设施、提高卫生水平可以推迟传染病高潮的到来.解中,当 $t \to \infty$ 时 $i(t) \to 1$,此时,所有人将被传染为患者,不符合实际情况.其原因是模型假设中没有考虑到患者可以治愈或有自身免疫能力,只假设了人群中的健康者只能变成患者,而患者却不会再变成健康者.为此可对模型作修正,重新考虑模型的假设.在下面给出的两个模型中将讨论患者可以治愈的情况.

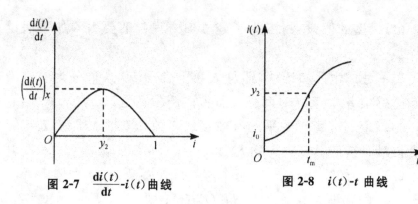

图 2-7　$\frac{\mathrm{d}i(t)}{\mathrm{d}t}$-$i(t)$ 曲线　　　　图 2-8　$i(t)$-t 曲线

3.SIS 模型

(1)模型的假设条件.为了建立 SIS 模型,需在 SI 模型的假设条件上增加假设条件:每天被治愈的患者数占患者总数的比例为常数 μ,患者在治愈后仍可被感染,μ 称为日治愈率.

（2）模型的建立与求解. 显然 $1/\mu$ 是这种传染病的平均传染期. 定义 $\sigma = \lambda/\mu$，由 λ 和 $1/\mu$ 的含义知，σ 指在整个传染期内，每个病人有效接触的平均人数，称之为接触数. 于是有

$$N \frac{\mathrm{d}i(t)}{\mathrm{d}t} = \lambda N s(t) i(t) - \mu N i(t),$$

即

$$\frac{\mathrm{d}i(t)}{\mathrm{d}t} = \lambda i(t)(1 - i(t)) - \mu i(t), i(0) = i_0.$$

利用 σ 的定义，得模型为

$$\frac{\mathrm{d}i(t)}{\mathrm{d}t} = -\lambda i(t)\left[i(t) - \left(1 - \frac{1}{\sigma}\right)\right](i(0) = i_0).$$

（3）模型的分析解释. 如图 2-9～图 2-12 所示为 $\frac{\mathrm{d}i(t)}{\mathrm{d}t} \text{-} i(t)$ 与 $i(t)\text{-}t$ 的图形，通过分析可以得到传染病传播的一些规律. 这里 $\sigma = 1$ 是一个临界值. 当 $\sigma > 1$ 时，$i(t)$ 的单调性取决于初值；当 $\sigma \leqslant 1$ 时，$i(t)$ 越来越小，最终趋于零.

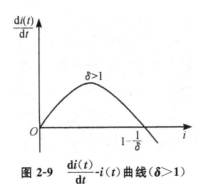

图 2-9　$\frac{\mathrm{d}i(t)}{\mathrm{d}t} \text{-} i(t)$ 曲线（$\delta > 1$）

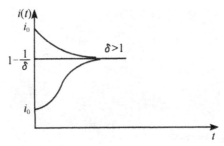

图 2-10　$i(t)\text{-}t$ 曲线（$\delta > 1$），曲线与 i_0 有关

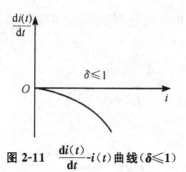

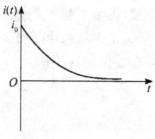

图 2-11 $\dfrac{\mathrm{d}i(t)}{\mathrm{d}t}$-$i(t)$ 曲线($\delta \leqslant 1$)   图 2-12 $i(t)$-t 曲线($\delta \leqslant 1$)

4. SIR 模型

大多数传染病在治愈后均有很强的免疫力,愈后的病人退出传染系统,成为具有长期免疫的人,因此有以下 SIR 模型.

(1)模型的假设条件.为了建立 SIR 模型,需要引入如下假设条件:

①人群分为易感者、患病者和病愈免疫的移出者.设移出者的初始值为 $r_0 = 0$,它们在总人数 N 中占的比例分别为 $s(t)$,$i(t)$ 和 $r(t)$,且

$$s(t) + i(t) + r(t) = 1.$$

记初始时刻的健康者和患者比例分别是 $s_0(s_0 > 0)$ 和 $i_0(i_0 > 0)$.

②患者的日接触率为 λ,日治愈率为 μ,传染期接触数为 $\sigma = \lambda/\mu$.

(2)模型的建立与求解.根据假设条件,对于易感者、移出者应有

$$N \frac{\mathrm{d}s(t)}{\mathrm{d}t} = -\lambda N s(t) i(t),$$

$$N \frac{\mathrm{d}r(t)}{\mathrm{d}t} = \mu N i(t),$$

进而可得模型

$$\begin{cases} \dfrac{\mathrm{d}i(t)}{\mathrm{d}t} = \lambda s i(t) - \mu i(t), i(0) = i_0, \\ \dfrac{\mathrm{d}s(t)}{\mathrm{d}t} = -\lambda s(t) i(t), s(0) = s_0. \end{cases}$$

显然,这里无法求出 $i(t)$ 和 $s(t)$ 的解,仅可用相轨线方法分析二者的一般变化规律.

(3)模型的分析解释. 如图 2-13 所示,将 s-i 平面称为相平面,相轨线在相平面上的定义域 D 为

$$D = \{(s,t) \,|\, s \geqslant 0, i \geqslant 0, s + i \leqslant 1\}.$$

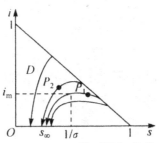

图 2-13 SIR 模型的相轨线

在模型中消去 $\mathrm{d}t$,并利用 $\sigma = \lambda/\mu$,可得

$$\frac{\mathrm{d}i}{\mathrm{d}s} = \frac{1}{\sigma s} - 1, \quad i|_{s=s_0} = i_0,$$

其解为

$$i = (s_0 + i_0) - s + \frac{1}{\sigma}\ln\frac{s}{s_0}.$$

在定义域 D 内,上式表示的曲线即为相轨线,图 2-13 中的箭头方向表示随着时间 t 的增加 $s(t)$ 和 $i(t)$ 的变化趋势. 由 $s(t)$,$i(t)$ 和 $r(t)$ 的极限值 s_∞,i_∞ 和 r_∞ 的变化情况可知,模型的解 $i(t)$ 最终趋近于零,患者终会完全消失;解 $s(t)$ 的极限 s_∞ 是方程

$$s_0 + i_0 - x + \frac{1}{\sigma}\ln\frac{x}{s_0} = 0$$

在 $\left(0, \dfrac{1}{\sigma}\right)$ 内的唯一根;当 $s_0 > \dfrac{1}{\sigma}$ 时,$i(t)$ 先增加,在 $s_0 = \dfrac{1}{\sigma}$ 时达到最大值 $i_m = s_0 + i_0 - \dfrac{1}{\sigma}(1 + \ln\sigma s_0)$,然后 $i(t)$ 减小且趋于零,$s(t)$ 减小至极限 s_∞;当 $s_0 \leqslant \dfrac{1}{\sigma}$ 时,$i(t)$ 减小至零,$s(t)$ 减小至极限 s_∞.

于是,s_∞ 是相轨线与 s 轴在 $\left(0, \dfrac{1}{\sigma}\right)$ 内交点的横坐标. 不论从何处出

发,相轨线终将与 s 轴相交于 $(s_\infty, 0)$ (t 充分大).

2.5.4　捕鱼业的持续收获问题

作为一种再生资源,渔业资源一定要注意适度开发,不能为了一时的高产"竭泽而渔",而应在持续稳产前提下追求最高产量或最大的经济效益.

渔场中的鱼量是按照一定规律增长的,如果人类的捕捞量等于鱼的增长量,那么鱼量将保持不变.现建立在捕捞情形下鱼量的模型,根据模型分析鱼量稳定的条件,并讨论应如何控制捕捞才可使持续产量和经济效益达到最大.

1. 捕捞模型

记 t 时刻渔场中的鱼量为 $x(t)$,探究在有捕捞的情形下 $x(t)$ 的变化规律.

(1)模型的假设条件.为了简化问题,现引入如下假设条件:

①无捕捞时,鱼量 $x(t)$ 自然增长,服从 Logistic 增长模型;

②有捕捞时,在单位时间内的捕捞量与鱼量 $x(t)$ 成正比,比例常数为 E,称为捕捞强度,其大小可控.

(2)模型的建立与求解.无捕捞时,鱼量 $x(t)$ 服从 Logistic 增长模型,满足微分方程

$$\frac{\mathrm{d}x(t)}{\mathrm{d}t} = f(x) = rx\left(1 - \frac{x}{N}\right),$$

式中,r 为固有增长率,N 为容许的最大鱼量,$f(x)$ 表示单位时间增长量.根据假设②,单位时间的捕捞量为

$$h(x) = Ex.$$

渔场鱼量 $x(t)$ 应满足微分方程

$$\frac{\mathrm{d}x(t)}{\mathrm{d}t} = F(x) = rx\left(1 - \frac{x}{N}\right) - Ex.$$

对于有捕捞情况,探究渔场的稳定鱼量和保持稳定的条件,即时间 t 足够长后渔场鱼量 $x(t)$ 的变化趋向,并由此确定最大的持续

产量. 为此, 求平衡点并分析其稳定性. 令

$$F(x) = rx\left(1 - \frac{x}{N}\right) - Ex = 0,$$

可得方程的两个平衡点

$$x_0 = N\left(1 - \frac{E}{r}\right), x_1 = 0,$$

不难算出

$$F'(x_0) = E - r, F'(x_1) = r - E.$$

由微分方程稳定性理论可知, 当 $E < r$ 时, $F'(x_0) < 0$, 从而平衡点 x_0 稳定, 而 $F'(x_1) > 0$, 平衡点 x_1 不稳定, 反之亦然.

(3) 模型分析与解释. 当渔场鱼量稳定在 x_0 时, 控制捕捞强度 E 以获得最大捕捞量, 可转化为求持续捕捞量函数 $h(x_0) = Ex_0$ 的最大值问题. 如图 2-14 所示, 通过分析抛物线 $y = f(x)$ 和直线 $y = h(x) = Ex$ 的图形可得到结论. 在图中, $y = f(x)$ 在原点处的切线为 $y = rx$. 当 $E < r$ 时, $y = h(x) = Ex$ 必与 $y = f(x)$ 有交点 $P(x_0, h(x_0))$, P 点横坐标即为稳定平衡点 $x_0 = N\left(1 - \frac{E}{r}\right)$. 显然 x_0 随 E 的减小而增大, 相应的点 P 也在 $y = f(x)$ 上向右下方移动. 根据假设②, P 点的纵坐标 $h(x_0)$ 为稳定条件下单位时间的持续捕捞量, 由曲线可知, 当 $y = h(x) = Ex$ 与 $y = f(x)$ 在抛物线顶点 $P^*(x_0^*, h(x_0^*))$ 相交时可获得最大的持续捕捞量, 此时的稳定平衡点为

$$x_0^* = N/2,$$

不难算出保持鱼量稳定时对应的捕捞强度为

$$E^* = r/2.$$

故单位时间的最大持续捕捞量为

$$h_m = rN/4.$$

综合上述分析可知, 将捕捞强度控制在固有增长率 r 的一半, 或使渔场鱼量保持在最大鱼量 N 的一半, 就能获得最大的持续捕捞量.

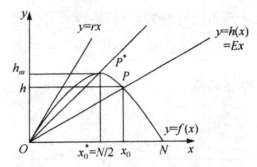

图 2-14 最大持续捕捞量的图解

2. 效益模型

从经济效益角度考虑,要想使效益最大,需获得最大的利润. 捕捞时所获得的利润用捕捞过程中所得的收入扣除开支后的净收入来衡量.

(1)模型的假设条件. 假设鱼的销售单价为 p, p 为常数,单位捕捞强度 E 的费用为常数 c.

(2)模型的建立与求解. 由假设条件知,单位时间的收入 T 和支出 S 分别为

$$T = ph(x) = pEx, S = cE,$$

从而单位时间的利润为

$$R(E, x) = T - S = pEx - cE.$$

在稳定条件 $x = x_0$ 下,有

$$R(E) = T(E) - S(E) = pNE\left(1 - \frac{E}{r}\right) - cE.$$

用微分法易求出利润 $R(E)$ 达到最大时的捕捞强度为

$$E_R = \frac{r}{2}\left(1 - \frac{c}{pN}\right),$$

此时的渔场稳定鱼量为

$$x_R = \frac{N}{2} + \frac{c}{2p},$$

于是单位时间的持续捕捞量为

$$h_R = rx_R\left(1 - \frac{x_R}{N}\right) = \frac{rN}{4}\left(1 - \frac{c^2}{p^2 N^2}\right).$$

(3)模型的分析解释. 为获得最大效益, 捕捞强度和持续捕捞量均减少, 而稳定鱼量增加, 并且减少或增加的部分随着捕捞成本 c 的增长而变大, 随着销售价格 p 的增长而变小. 为了追求最大利润, 即使利润微薄, 经营者也会捕捞, 这种情况称为捕捞过度.

$E_R = \dfrac{r}{2}\left(1 - \dfrac{c}{pN}\right)$ 给出利润与捕捞强度的关系, 令 $R(E) = 0$ 的解为 E_s, 可得

$$E_s = r\left(1 - \dfrac{c}{pN}\right).$$

当 $E < E_s$ 时, 利润 $R(E) > 0$, 加大捕捞强度; 当 $E > E_s$ 时, 利润 $R(E) < 0$, 减小捕捞强度. E_s 是过度捕捞的临界强度. 如图 2-15 所示为 $T(E)$ 和 $S(E)$ 的曲线, 它们交点的横坐标即为 E_s. E_s 存在的必要条件(即 $E_s > 0$)是

$$p > \dfrac{c}{N},$$

即售价大于成本.

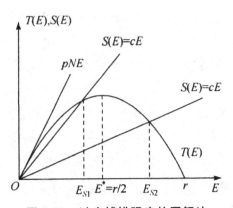

图 2-15　过度捕捞强度的图解法

由 $E_s = r\left(1 - \dfrac{c}{pN}\right)$ 可知, 成本越低, 售价越高, E_s 会越大. 将其代入 $x_0 = N\left(1 - \dfrac{E}{r}\right)$, $x_1 = 0$ 可得过度捕捞下的渔场稳定鱼量为

$$x_S = \frac{c}{p},$$

x_S 由成本与价格的比决定. 由图 2-15 知,随着价格的上升和成本的下降, x_S 将迅速减少,出现捕捞过度.

2.6 数学规划方法及建模问题

2.6.1 数学规划基本理论

在现实生活的诸多领域中,人们常常遇到如下问题:在满足强度要求的条件下选择材料的尺寸进行结构设计,使材料最轻;在有限资源约束条件下制定各用户的分配数量,使总效益最大;按照产品的工艺流程和顾客需求制订生产计划,尽量降低成本使利润最高. 即在一系列客观或主观因素的限制下,如何使所关心的某个或多个指标达到最大或最小. 通过对这类问题进行研究,产生在一系列等式与不等式约束条件下,使某个或多个目标函数达到最大(或最小)的数学模型,即数学规划模型.

建立数学规划模型一般需要考虑以下三个要素:

(1)决策变量. 通常指所要研究问题的最终要求解的未知量,一般用 n 维向量 $\boldsymbol{X} = (x_1, x_2, \cdots, x_n)^{\mathrm{T}}$ 表示,其中 x_j 为问题的第 j 个决策变量,若对 $\boldsymbol{X}$ 赋值后它通常为该问题的一个解.

(2)目标函数. 通常指所研究问题要求达到最大或最小的指标的数学表达式,是决策变量 $\boldsymbol{X}$ 的函数,记为 $f(\boldsymbol{X})$.

(3)约束条件. 一般由问题对决策变量 $\boldsymbol{X}$ 的限制条件给出,变量 $\boldsymbol{X}$ 允许取值的范围记为 D,即 $\boldsymbol{X} \in D$,D 为可行域,常用一组关于决策变量 $\boldsymbol{X}$ 的等式 $h_i(\boldsymbol{X}) = 0(i = 1, 2, \cdots, p)$ 和不等式 $g_j(\boldsymbol{X}) \leqslant (\geqslant)0(j = p+1, p+2, \cdots, m)$ 来界定,分别称为等式约束和不等式约束.

数学规划模型的一般形式为

$$\max(\min) \quad z = f(\boldsymbol{X}),$$

$$\text{s. t.} \quad \begin{cases} h_i(\boldsymbol{X}) = 0, i = 1, 2, \cdots, p, \\ g_j(\boldsymbol{X}) \leqslant (\geqslant) 0, j = p+1, p+2, \cdots, m. \end{cases}$$

其中 $\max(\min)$ 指对目标函数 $f(\boldsymbol{X})$ 求最大值或最小值,s. t. 指"受约束于",即约束条件.

由于等式约束可以与不等式约束相互转化,大于等于约束可以与小于等于约束转化,于是数学规划模型又可简化为

$$\max(\min) \quad z = f(\boldsymbol{X}),$$

$$\text{s. t.} \quad g_i(\boldsymbol{X}) \leqslant 0 (i = 1, 2, \cdots, m).$$

根据数学规划模型的一般形式,可行域可表示为

$$D = \{ \boldsymbol{X} \mid h_i(\boldsymbol{X}) = 0 \quad (i = 1, 2, \cdots, p);$$

$$g_j(\boldsymbol{X}) \leqslant (\geqslant) 0 \quad (j = p+1, p+2, \cdots, m) \}.$$

满足约束条件的解为数学规划模型的可行解;使目标函数 $f(\boldsymbol{X})$ 达到最大值或最小值的可行解,即可行域 D 中使目标函数 $f(\boldsymbol{X})$ 达到最大值或最小值的点称为数学规划模型的最优解.

2.6.2 数学规划模型的建立

1. 线性规划建模

在规划模型中,如果目标函数 $f(\boldsymbol{X})$ 和约束条件 $g_i(\boldsymbol{X})$ 都是线性的,则该模型称为线性规划模型.

m 个约束条件、n 个变量的线性规划模型可表示为

$$\min \quad z = c_j x_j,$$

$$\text{s. t.} \quad \begin{cases} x_j \geqslant 0, j = 1, 2, \cdots, n, \\ x_j \geqslant 0, j = 1, 2, \cdots, n. \end{cases}$$

建立线性规划模型的一般步骤为:

(1)找出待定的决策变量,并用代数符号表示;

(2)根据问题中涉及的所有的约束条件,写出决策变量的线性不等式;

（3）找到模型的目标，写出决策变量的线性函数，以便求出其最大值或最小值.

2. 整数规划建模

在某些线性规划问题中，变量取整数时才有意义，此时在约束条件中需要添加变量应取整数的限制条件，称这类线性规划问题为整数规划，一般可表示为

$$\min \quad z = c_j x_j,$$

$$\text{s.t.} \begin{cases} \sum_{j=1}^{n} a_{ij} x_j \leqslant b_j \, (i = 1, 2, \cdots, m), \\ x_j \geqslant 0, x_j \in \mathbf{Z} \, (j = 1, 2, \cdots, n). \end{cases}$$

整数规划模型的求解比线性规划模型的求解要困难，因为当模型的维数增加时，计算量将按指数规律增加. 以下是整数规划模型常用的求解方法：

（1）枚举法与隐枚举法. 常用于 0-1 规划模型（决策变量只能取 0 或 1 值）的求解，但模型的维数高时不可行.

（2）分支定界法. 对纯整数规划模型（全部决策变量的取值都为整数）和混合整数规划模型（仅要求部分决策变量的取值为整数）的求解均适用，比较可行.

（3）割平面法. 对纯整数规划模型和混合整数规划模型的求解均适用，比较可行.

3. 非线性规划建模

非线性规划研究在一组约束条件下，某个非线性目标的最大值或最小值问题. 通常可用数学模型表示为

$$\max(\min) \quad z = f(\boldsymbol{X}),$$

$$\text{s.t.} \begin{cases} h_i(\boldsymbol{X}) = 0, i = 1, 2, \cdots, m, \\ g_j(\boldsymbol{X}) \geqslant 0 (\leqslant 0), j = 1, 2, \cdots, n. \end{cases}$$

非线性规划模型的应用涉及工程计算和经济管理领域，其求解是通过增加改进策略，以求解线性规划模型为基础，寻找有效

的求解途径. 大致有以下几类：

(1)利用问题的最优条件来求解；

(2)利用线性规划或二次规划来逐次逼近求解,如线性逼近法；

(3)将有约束的非线性规划模型转化为无约束的非线性规划模型来求解,如惩罚函数法；

(4)对有约束的非线性规划模型直接进行处理的分析方法,如可行方向法；

(5)对约束非线性规划模型的直接求解方法,如复形法.

2.6.3　投资问题

在线性规划和非线性规划中,所研究的问题只含有一个目标函数,常称为单目标规划问题. 事实上,在实际中所遇到的问题往往需要同时考虑多个目标在某种意义下的最优问题,称这种含多个目标的最优化问题为多目标规划问题. 投资问题是典型的多目标规划问题.

(1)问题的提出. 市场上有 n 种资产 $S_i(i=1,2,\cdots,n)$ 可供投资者选择,某公司现有资金 M 用作投资.

已知这一时期内购买 S_i 的平均收益率 r_i,风险损失率 q_i,用所投资的 S_i 中最大的一个风险来度量总体风险. 购买 S_i 须付交易费,费率 p_i,若购买额不超过给定值 u_i 时,交易费按购买额 u_i 计算. 假定同期银行存款利率为 r_0,且既无交易费又无风险. 试设计一种投资组合方案,即利用给定的资金 M,有选择性地购买若干种资产或者存入银行增加利息,使得净收益尽可能大,而总体风险尽可能小.

(2)模型的假设条件. 为了简化问题,引入如下假设条件：

① 投资数额 M 相当大,为了方便计算,假设 $M=1$；

② 各种资产相互独立,在投资期内 r_i,q_i,p_i,r_0 为定值,净收益和总体风险只受 r_i,q_i,p_i 影响,交易费是分段函数,由于所给的定值 u_i 相对总投资额而言很小,可以忽略不计,这样购买某种项

目的净收益为$(r_i - p_i)x_i$.

(3)模型的建立. 根据以上假设,可建立数学模型

$$\max \quad z_1 = \sum_{i=0}^{n} (r_i - p_i)x_i,$$

$$\min \quad z_2 = \{\max\{q_i x_i\}\},$$

$$\text{s. t.} \quad \begin{cases} \sum_{i=0}^{n} (1 + p_i)x_i = 1, \\ x_i \geqslant 0 (i = 0, 1, \cdots, n). \end{cases}$$

(4)模型的求解. 多目标规划问题在求解时通常根据问题的实际背景,将多目标规划转化为单目标规划,从而获得满意解. 常用的解法包括主要目标法和线性加权求和法. 本题主要利用这两种方法,把双目标规划简化成一个目标的线性规划.

①主要目标法. 确定一个主要目标,将次要目标作为约束条件并设定适当的界限值. 在投资问题中,若投资者承受的风险有限,就可在给定风险界限 a 下,找到盈利最大的投资方案,从而建立模型 1. 在风险最小的情况下,若投资者想使总盈利达到水平 k 以上,则可建立模型 2. 具体如下:

模型 1:固定风险水平,优化收益,有模型

$$\max \quad z = \sum_{i=0}^{n} (r_i - p_i)x_i,$$

$$\text{s. t.} \quad \begin{cases} q_i x_i \leqslant a, \\ \sum_{i=0}^{n} (1 + p_i)x_i = 1, \\ x_i \geqslant 0 (i = 0, 1, \cdots, n). \end{cases}$$

模型 2:固定盈利水平,极小化风险,有模型

$$\min \quad z = \{\max\{q_i x_i\}\},$$

$$\text{s. t.} \quad \begin{cases} \sum_{i=0}^{n} (r_i - p_i)x_i \geqslant k, \\ \sum_{i=0}^{n} (1 + p_i)x_i = 1, \\ x_i \geqslant 0 (i = 0, 1, \cdots, n). \end{cases}$$

②线性加权求和法. 对每个目标按其重要程度赋予适当权重,把带权重的目标函数和作为新的目标函数. 投资问题中,投资者在权衡资产风险和预期收益时,可选择一个令自己满意的投资组合. 现对风险、收益赋予权重 $\omega_i \geqslant 0$,且 $\sum \omega_i = 1$,具体模型为

$$\min \quad z = \omega_1 \{\max\{q_i x_i\}\} - (1 - \omega_2) \sum_{i=0}^{n} (r_i - p_i) x_i,$$

$$\text{s. t.} \quad \begin{cases} \sum_{i=0}^{n} (1 + p_i) x_i = 1, \\ x_i \geqslant 0 (i = 0, 1, \cdots, n). \end{cases}$$

第 3 章　软件思想方法与"大数据"建模问题

随着科学研究的不断深入,各领域的实际建模问题所面对的数据越来越庞大,涉及的数学思想和运算过程越来越烦琐.建模者不得不借助计算机技术,利用数学建模软件来辅助建模并完成模型求解.本章就对数学建模的主流软件及其建模问题展开研究.

3.1　Excel 软件及建模问题

3.1.1　Excel 软件及其数据处理概论

美国微软公司的 Microsoft Office 套件是当今最流行的办公软件之一,其中的 Excel 电子表格软件不仅可以非常方便地绘制各种类型的电子表格,而且能进行各种数据的分析、统计、运算、处理和绘制统计图形.在数学建模过程中,Excel 可以帮助人们对大量数据进行高效的运算与分析.

Excel 具有超强的数据处理能力,它不仅内置了常用函数、财务函数、日期与时间函数、数学函数、统计函数、查找与引用函数、数据库函数、文本函数、逻辑函数、信息函数、工程函数等 300 多种人们常用的函数,而且还可以由使用者自定义函数.当用户需要将大批数据通过同一个公式计算结果时,只需轻轻拖动鼠标,而不需编程就可实现,操作极其方便、高效.另外,Excel 提供了一组称为"数据分析"的统计分析工具包,可以方便地进行数据分析.限于本书篇幅,这里不再赘述 Excel 中的函数及其使用方法,着重讨论其数据分析与图表绘制功能.

　　Excel 提供的"数据分析"工具包包含方差分析、协方差分析、回归分析、相关分析、傅里叶分析、t 检查分析等分析工具,使用这些工具可大大提高工作效率和质量.在首次使用"数据分析"工具包时需要单击"工具"菜单中的"加载宏",在弹出的对话框中列出各种可以加载的项目,按照需要选择"分析工具库""规划求解"等项目,单击"确定"按钮,然后"工具"菜单中就会增加一个名为"数据分析"的子菜单.当单击"数据分析"的时候,就会弹出其对应的对话框,如图 3-1 所示.

图 3-1　"数据分析"对话框

　　图 3-1 所示的"数据分析"中包含方差分析、相关系数、协方差、描述统计、直方图等 Excel 中所集成的各种数据分析工具,下面着重分析数学建模中常用的数据分析工具及其用法.

　　(1)描述统计.该工具主要统计数据的平均值、中位数、标准差、方差等统计量.在 Excel 中输入原始数据之后,点击"工具"菜单下的子菜单"数据分析",在弹出的"数据分析"对话框中选择"描述统计",然后点击"确定"即可弹出"描述统计"对话框,如图 3-2 所示.在输入区域填入需要分析的原始数据的区域参数;选择好分组方式;填好输出区域的参数;汇总统计是描述统计分析工具的主要原因,所以必须选择;在平均数置信度框中输入想得到的置信度;如果用户想知道数据集中的第 K 的最大值,则勾选第

K 大值,并在第 K 大值框中输入对应的数值;如果用户想知道数据集中的第 K 的最小值,则勾选第 K 小值,并在第 K 小值框中输入对应的数值;然后点击"确定"即可在 Excel 表格的相应区域获得所研究原始数据的平均值、中位数、标准差、方差、峰度、偏度等.这里要特别注意汇总统计、平均数可信度、第 K 大值、第 K 小值的选择或填写,如果操作不当就不会得到正确的结果.

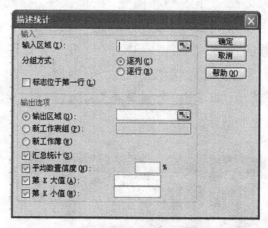

图 3-2   "描述统计"对话框

（2）直方图.直方图是一大批数据的频率分布图,由直方图可以观察和分析数据的概率分布.在 Excel 中输入原始数据之后,进行描述分析或直接使用 MIN 与 MAX 函数,确定数据的最小值和最大值,把数据所在的区域分成若干个小区间,确定分段点,通常直方图划分的区间多为 5~15 个区间.然后在对应列中输入这些分段点数据.点击"工具"菜单下的子菜单"数据分析",在弹出的"数据分析"对话框中选择"描述统计",然后点击"确定"即可弹出"直方图"的对话框,如图 3-3 所示.在对话框"输入"栏中,"输入区域"是指原始数据所在的区域,"接收区域"是指分段点所在的列.Excel 会自动在数据的最小值与最大值之间确定一组等间隔的分段点.因第一行是表头,故在"标志"上打对钩.在对话框的"输出选项"栏中,可选输出区域,也可选新工作表组,在"图表输出"上打对钩,累计百分率可选也可不选.填写好"直方图"对话框之后,单击"确定"按钮,即可得到数据统计结果和直方图.

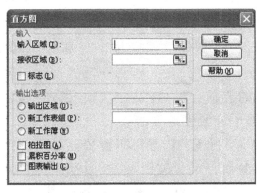

图 3-3　"直方图"对话框

(3)排位与百分比排位.排位与百分比排位分析工具产生一表格,显示用户数据集中每个值的位置排序和百分比排列顺序.点击"工具"菜单下的子菜单"数据分析",在弹出的"数据分析"对话框中选择"排位与百分比排位",然后点击"确定"即可弹出"排位与百分比排位"对话框,如图 3-4 所示.在对话框"输入"栏中,"输入区域"是指原始数据所在的区域,因为第一行是表头,故在"标志位于第一行"上打对钩.在对话框的"输出选项"栏中,可选"输出区域",也可选"新工作表组".根据需要填好"排位与百分比排位"对话框之后,点击"确定"即得到数据排位与百分比排位统计结果.

图 3-4　"排位与百分比排位"对话框

Excel 中的数据分析工具还有很多,其使用时的操作方法和上述讨论的方法步骤差不多,但是对话框中所需选择或填写的内容会有所不同.使用 Excel 建模的人员可以事先掌握一部分数据分析工具的使用方法,这固然很好.但是只要掌握 Excel 数据分析工具的操作套路,在具体应用到哪个工具时均可以快速地现学现用.

除了强大的数据分析功能以外,Excel 还提供了强大的图表绘制功能,能够十分便捷地绘制各种图表.如图 3-5 所示,是 Excel 的图表向导.通过图表向导可以清楚地看到,在 Excel 软件中,图表分为标准型和自定义型两种.其中标准型包括柱状图、条形图、折线图、饼图、XY 散点图、面积图、圆环图、雷达图、曲面图、气泡图、股价图、圆柱图等,一共 14 种;自定义型有彩色堆积图、彩色折线图、带深度的柱形图、对数图、分裂的饼图、管状图、黑白饼图、黑白面积图、黑白折线图、蜡笔图等,一共 20 种.

在应用 Excel 进行数学建模时,创建图表的一般步骤可以总结如下:

(1)准备数据.Excel 中的图表必须依赖于数据,要创建图表就必须先准备好数据,并且把数据加入到 Excel 中给定的区域.

(2)打开图表向导.点击"插入"菜单的子菜单"图表",或者单击工具栏中的"图表向导",即可启动"图表向导"对话框,如图 3-5 所示.

(3)指定数据位置.从向导中选择想要绘制图表的类型,点击"下一步"按钮即可出现对应的"图表数据源"对话框,如图 3-6(a)所示.在"图表数据源"对话框的"数据区域"栏目内输入数据所在的位置参数,该区域的第一行和第一列是表头(文字说明),数据按行摆放,故对"系列产生在"栏目的两个选项"行"和"列"作出选择"行".点击"下一步"按钮即可出现"图表选项"对话框,如图 3-6(b)所示.

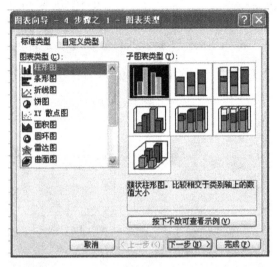

（a）标准类型

（b）自定义类型

图 3-5 Excel 的图表向导

（4）设置图表选项. "图表选项"对话框用来设定图表的标题、坐标轴、网格线、图例、数据标志、数据表等项目. 其中"标题"选项用来设置图表的标题、坐标轴的文字说明；"坐标轴"选项用来设置是否显示坐标轴及其刻度；"网格线"选项用来设定是否显示网格线;"图例"选项用来设定是否显示图例及其位置;"数据标志"选项用来设置是否显示数据的名称、数据值等标志;"数据表"选项用来设置是否显示数据列表.这些选项设好后,图表的预览效果直接在对话框的右半部分显示,用户可根据需要进行设置.设置好后点击"下一步"按钮即可弹出"图表位置"对话框,如图 3-6(c)所示.

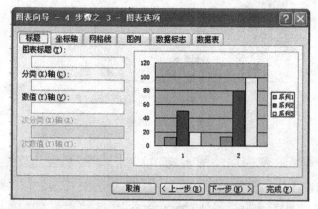

（a）"图表数据源"对话框

（b）"图表选项"对话框

（c）"图表位置"对话框

图 3-6　创建图表的一般步骤

（5）设定图表位置．在"图表位置"对话框中，选择"作为新工作表插入"或者"作为其中的对象插入"均可．点击"完成"按钮即可在 Excel 中出现所设计的图表．

通过上述步骤创建的图表只是做了一些粗略的设置，并没有涉及图表字体、字号、颜色、坐标刻度等细节．在具体的建模工作中，往往需要对已生成的图表进行编辑、修改、美化和完善，一般方法如下：

（1）图表的编辑．在 Excel 文件中，将鼠标移动到所建的图表上，点击右键即可弹出一个下拉菜单，其中的菜单项的设置内容和图表向导相似，可以在图表生成后用来重新设置或更改原来的设置．

（2）图表元素的修改．Excel 图表的组成元素包括图表区、绘图区、标题、坐标轴、网格线、数据标志和数据系列．当鼠标在图表上移动时，会弹出相应的元素名称，可以通过弹出式菜单或浮动图表工具栏对这些元素进行设置和修改．

Excel 是一个十分成熟的办公软件，由于其功能十分强大，故而其操作知识远远不止上面所讨论的这些内容．限于本书篇幅，这里没有对其使用方法进行一一赘述，有兴趣的读者可以参考微软公司提供的 Microsoft Office 使用操作指南，或者通过互联网了解更详细的使用方法．下面将分析几个应用 Excel 进行数学建模的具体案例．

3.1.2 应用 Excel 进行相关分析

在具体的数学建模工作中，所收集的实际问题的各组数据之间往往并不是相互独立的，而是相互制约、相互影响的. 这种各组数据间相互关联的性质称为相关性，在数学（数理统计）中，一般用相关系数来描述并判断两组数据间的相关性. 相关分析就是要通过对大量数字资料的观察，消除偶然因素的影响，探求现象之间的相关关系的密切程度和表现形式. 在数学（尤其是数理统计）中，对数据间的相关性及相关系数的含义给出了明确的解释，这里不再赘述，仅就 Excel 在相关分析中的应用展开讨论. 在数学建模中，通过 Excel 进行相关分析的方法主要有两种.

1. 利用 CORREL 函数进行相关分析

Excel 软件集成的 CORREL 函数是其统计类函数之一，其基本格式为 CORREL（array1，array2）. 其中 array1 代表第一组数值单元格区域，array2 代表第二组数值单元格区域，而函数的返回值代表 array1 与 array2 之间的相关系数，用来确定两个区域中数据的变化是否相关，以及相关的程度. 从数学意义上看，相关系数就是两组数据集的协方差除以它们标准偏差的乘积. 需要注意的是，在具体的 Excel 建模工作中，如果数组或引用包含文本、逻辑值或空白单元格，这些数值将被忽略，但是包含零值的单元格将计算在内；另外，如果 array1 和 array2 的数据点的数目不同，CORREL 函数将会返回错误值. 下面来看一个具体的建模案例.

例 3.1.1 如表 3-1 所示，给出了某公司 2016 年 1—12 月份的广告费用与销售额，试利用 Excel 中的 CORREL 函数计算该公司 2016 年的广告费与销售额之间的相关系数.

表 3-1　某公司 2016 年 1—12 月份的广告费用与销售额统计表

月份	1	2	3	4	5	6	7	8	9	10	11	12
广告费/万元	250	300	200	180	150	200	240	300	190	150	120	220
销售额/万元	2600	2950	1850	1650	1500	2400	2800	2960	Z400	1600	1500	2350

解：首先将表 3-1 所提供的某公司 2016 年 1—12 月份的广告费用与销售额数据添加到 Excel 表格中，如将 1—12 月份广告费输入到 B4：B15，销售额输入到 C4：C15 中，在某个空白单元格输入对应的 CORREL 函数，即 CORREL(B4：B15，C4：C15)，可以得到如图 3-7 所示的结果. 该公司 2016 年的广告费与销售额之间的相关系数为 0.92251818.

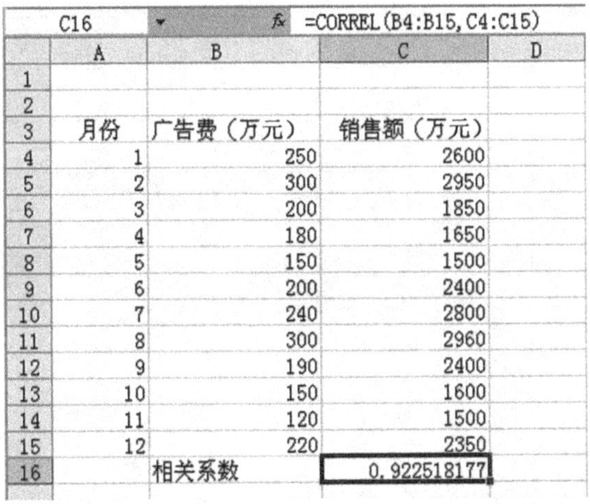

C16　=CORREL(B4:B15,C4:C15)

	A	B	C	D
1				
2				
3	月份	广告费（万元）	销售额（万元）	
4	1	250	2600	
5	2	300	2950	
6	3	200	1850	
7	4	180	1650	
8	5	150	1500	
9	6	200	2400	
10	7	240	2800	
11	8	300	2960	
12	9	190	2400	
13	10	150	1600	
14	11	120	1500	
15	12	220	2350	
16		相关系数	0.922518177	

图 3-7　该公司 2016 年的广告费与销售额之间的相关系数

2. 利用 Excel 的数据分析工具进行相关分析

虽然利用 CORREL 函数可以得到两组数据之间的相关系数，但是对于多组数据就无能为力了，这时就必须使用 Excel 提供的“数据分析”工具. 利用“数据分析”工具求多组数据之间的相关系数的一般步骤如下：

(1)将要分析的原始数据输入 Excel 表格中；

（2）点击 Excel 主菜单中的"工具"的子菜单"数据分析"，在弹出的"数据分析"对话框中选择"相关系数"选项，并点击"确定"按钮；

（3）在（2）中点击"确定"按钮之后会弹出"相关系数"对话框，在对话框的"输入区域"填写所研究数据在 Excel 表格中的精确位置，在"分组方式"处选择"逐列"或"逐行"，勾选"目标位于第一列（行）"，在"输出区域"处填写合适的输出位置，点击"确定"按钮.

例 3.1.2　如表 3-2 所示，给出了某班 11 名学生 2016 年下学期的总平均成绩、出勤率、选修学分与每周打工小时数，试利用 Excel 提供的"数据分析"工具求相关矩阵.

表 3-2　总平均成绩、出勤率、选修学分与每周打工小时数统计表

总平均成绩	出勤率	选修学分	每周打工小时数
82	96％	14	4
75	80％	16	8
68	70％	10	10
88	82％	12	0
84	90％	14	6
71	75％	10	0
66	80％	12	15
90	85％	16	0
83	90％	18	4
80	100％	15	4
75	95％	14	6

解：建立 Excel 表格，并在其中的 A1～D12 区域内输入表 3-2 提供的数据，点击 Excel 主菜单中的"工具"的子菜单"数据分析"，在弹出的"数据分析"对话框中选择"相关系数"选项，并点击"确定"按钮，在弹出的对话框中选择"相关系数"并点击"确定"按钮，弹出相关系数对话框. 在"输入区域"填写 A1:D12，因为第一行是表头标志，故勾选"标志位于第一行"，在"输出区域"填写 A14，单

击"确定"按钮,得到如图 3-8 所示的结果.

	A	B	C	D	E
1	总平均成绩	出勤率	选修得分	每周打工小时数	
2	82	96%	14	4	
3	75	80%	16	8	
4	68	70%	10	10	
5	88	82%	12	0	
6	84	90%	14	6	
7	71	75%	10	0	
8	66	80%	12	15	
9	90	85%	16	0	
10	83	90%	18	4	
11	80	100%	15	4	
12	75	95%	14	6	
13					
14		总平均成绩	出勤率	选修得分	每周打工小时数
15	总平均成绩	1			
16	出勤率	0.484824213	1		
17	选修得分	0.560389925	0.604478669	1	
18	每周打工小时数	-0.713569371	-0.213938918	-0.157601286	1
19					
20					

图 3-8　相关分析结果

3.1.3　应用 Excel 进行回归分析

相关分析只能反映两个或多个变量之间的相互关系的密切程度,但不能反映它们之间的依存关系.如果要研究它们之间的依存关系式,就需要采用回归分析.所谓回归分析,即指当一个结果与一个或多个参数之间存在联系时,可以进行回归分析,进而由一个或多个自变量来预测一个变量的值.回归分析主要分为线性回归、非线性回归、单回归、复回归等几大类型,涉及的概念有回归方程、判定系数等.数学上已经对这些给出了明确的解释,这里不再赘述.Excel 提供了很多进行回归分析的函数和数据分析工具,可以判断数据间的依存关系.具体方法主要分利用 Excel 集成的回归函数、给图表增加趋势线以及利用 Excel 提供的数据分析工具三种.

1.利用 Excel 集成的回归函数进行回归分析

Excel 软件集成了如下几种重要的回归函数:

(1)直线回归函数 LINEST( ).将原始数据输入 Excel 表格,选定输出区域,然后输入函数 LINEST(变量区域,自变量区域,常数项是否不为零,是否返回附加的统计值),按下 Ctrl＋Shift＋Enter 键即可得回归分析结果.该函数使用最小平方法计算最适合于变量区域的回归直线公式,并返回该直线公式的数组.LINEST( )函数既可以进行简单的单一参数的回归分析过程,又可处理线性复回归问题,即需要使用多个自变量来预测一个变量的情况.

(2)线性预测函数 FORECAST(x,known_y,known_x).函数中的 x 表示需要进行预测的数据点,known_y 表示因变量数组或数据区域,known_x 表示自变量数组或数据区域.该函数根据给定的数据计算或预测未来值,以数组或数据区域的形式给定 x 值和 y 值后,返回基于 x 的线性回归预测值.使用此函数可以对未来销售额、库存需求或消费趋势进行预测.

(3)线性趋势函数 TREND(known_y,known_x,new_x,const).该函数利用最小二乘法找到适合给定的数组 known_y 和 known_x 的直线,并返回指定数组 new_x 的值在直线上对应的 y 值.

(4)指数回归函数.包括 LOGEST(known_y's,known_x's,const,stats) 和 GROWTH(known_y's,known_x's,new_x's,const).LOGEST 计算最符合观测数据组的指数回归拟合曲线 $y=bm^x$ 或 $y=b(m_1^{x_1})(m_2^{x_2})\cdots$(如果有多个 x 值),并返回描述该曲线的数组;GROWTH 则根据已知的 x 值和 y 值返回一组新的 x 值对应的 y 值,并且可以拟合出相应的指数曲线.

例 3.1.3 2016 年的房地产市场可谓风起云涌,一家房地产开发公司想了解办公室空缺率对平均租金的依赖情况,随机抽样 10 个不同城市的每平方米办公室的月租金和空缺空间的百分比,得到了如表 3-3 所示的数据.试解决如下问题:

(1)用直线回归函数求回归方程;

(2)使用 FORECAST(x,known_y,known_x)函数预测当空

缺百分比为 20 时每平方米月租金为多少.

表 3-3　10 个城市办公室空缺百分比与租金统计表

城市	空缺百分比	每平米月租金
1	3	5
2	11	2.5
3	6	4.75
4	5	4.5
5	9	3
6	2	4.5
7	5	4
8	7	3
9	10	3.25
10	8	2.75

解:(1)建立一个 Excel 工作表,将表 3-3 所提供的调查数据输入到表中的 A1:C11,选择输出区域为 D1:E5,输入函数"=LINEST(C2: C10,B2:B10,TRUE,TRUE)",按下 Ctrl+Shift+Enter 键即可得函数结果,如图 3-9 所示.进而可以得出该题回归方程为

$$y = -0.2536x + 5.46793.$$

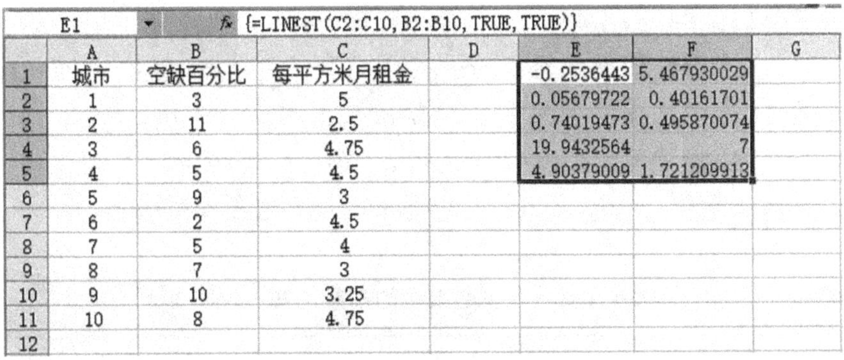

E1　{=LINEST(C2:C10,B2:B10,TRUE,TRUE)}

	A	B	C	D	E	F	G
1	城市	空缺百分比	每平方米月租金		-0.2536443	5.467930029	
2	1	3	5		0.05679722	0.40161701	
3	2	11	2.5		0.74019473	0.495870074	
4	3	6	4.75		19.9432564	7	
5	4	5	4.5		4.90379009	1.721209913	
6	5	9	3				
7	6	2	4.5				
8	7	5	4				
9	8	7	3				
10	9	10	3.25				
11	10	8	4.75				
12							

图 3-9　直线回归分析结果

（2）选择某空白单元格，输入函数"＝FORECAST（20，C2：C11，B2：B11）"即可得到空缺百分比为 20 时每平方米月租金的预测结果，如图 3-10 所示，即为 0.161352.

	F6	▼	fx	{=FORECAST（20，C2:C11，B2:B11）}			
	A	B	C	D	E	F	G
1	城市	空缺百分比	每平方米月租金				
2	1	3	5				
3	2	11	2.5				
4	3	6	4.75				
5	4	5	4.5				
6	5	9	3			0.161352041	
7	6	2	4.5				
8	7	5	4				
9	8	7	3				
10	9	10	3.25				
11	10	8	2.75				
12							

图 3-10　线性函数预测结果

2.利用给图表增加趋势线的方式进行回归分析

利用给图表增加趋势线的方式进行回归分析是利用 Excel 进行数学建模时经常用到的一种方法，下面通过一个具体案例来进行分析讨论.

例 3.1.4　如表 3-4 所示，给出了某大型汽车生产厂家 2016 年度某一车型的旧车的车龄及其售价数据；同时还给出该工厂工人在 2016 年度的年龄与月收入关系的调查数据，如表 3-5 所示. 试解决如下问题：

（1）使用给图表增加趋势线的方式，求车龄对售价的回归方程，并计算车龄为 6.5 年的旧车售价是多少.

（2）绘制表 3-5 所提供数据的散点图，并求年龄对月收入的回归方程式.

表 3-4　某一车型的旧车的车龄及其售价数据

车龄	1	2	3	4	5	6	7	8	9	10
售价/万元	56	48.5	42	37.6	32.5	28.7	22.2	18.5	15.0	12.5

表 3-5　工人年龄与月收入的调查数据

年龄	20	25	30	35	40	45	50	55	60
月收入/元	10000	15000	26000	35000	42000	50500	40500	37650	30500

　　解:(1)通过数学理论进行分析可知,该问题属于线性回归问题.首先将表 3-4 提供的数据添加到 Excel 表中,插入图表,在图表类型中选择散点图,在数据源选择中填入 A1:B11,单击"下一步"按钮,弹出图表选项对话框,在图表标题中输入"2016 年度某大型汽车生产厂家某一车型的旧车与售价的关系",X 值轴输入"车龄",Y 值轴输入"售价(万)",所有选项设置好后,按向导提示生成如图 3-11 所示的散点图.

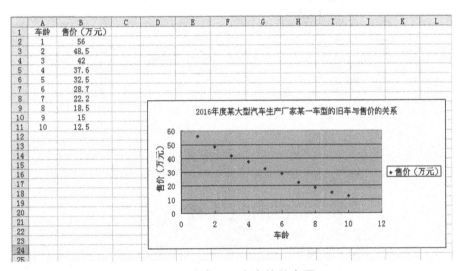

图 3-11　表 3-4 生产的散点图

　　用鼠标选中图 3-11 中的某个散点,则所有散点都被选中,单击鼠标右键,在弹出的快捷菜单上选择增加趋势线,如图 3-12 所示.单击鼠标左键,则弹出添加趋势线对话框,如图 3-13(a)所示."趋势预测/回归分析类型"选项中有 6 种分析类型,本例中选择线性类型.点击该对话框的"选项"按钮,进入如图 3-13(b)所示的"选项"页面,选择"显示 R 平方值"和"显示公式".单击"确定"按钮,就可生成对应的趋势线图表,如图 3-14 所示.

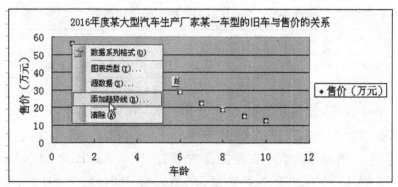

图 3-12　在快捷菜单中选择"添加趋势性"

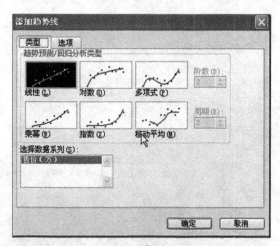

（a）类型

（b）选项

图 3-13　"添加趋势线"对话框

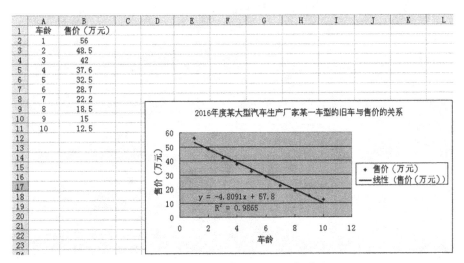

图 3-14　生成的趋势线及回归方程

通过图 3-14 所示的结果可知,该题的回归方程为
$$y = -4.8091x + 57.8, \tag{3-1-1}$$
其中 x 为车龄,当车龄为 6.5 年时,代入方程(3-1-1)可得其售价为 26.5 万元.

(2)问题(1)中所用到的统计数据基本上呈线性关系,但现实中有些数据间并不是简单的线性关系,如果用线性模式求其回归方程式,判定系数(R^2)很小,根本不具有任何解释力.因此要引入非线性回归,如多项式、指数、对数等回归方法.该案例的问题(2)就是一个非线性回归问题.与(1)的解题过程类似,先把数据录入到工作表中,然后创建散点图,生成如图 3-15 所示的散点图.

仍然按照(1)中的操作步骤进行图表处理.由数学分析可知,该问题的趋势线类型应当选为多选式.同样在"选项"页面,选择"显示 R 平方值"和"显示公式"选项.点击"完成"按钮即可生成该问题的趋势线及回归方程,如图 3-16 所示.

3.利用 Excel 提供的数据分析工具进行回归分析

Excel 软件的"数据分析"工具中包含了功能强大的回归分析工具.应用该工具可以对 Excel 表中的数据进行线性回归分析,分析结果主要包括如下三方面的内容：

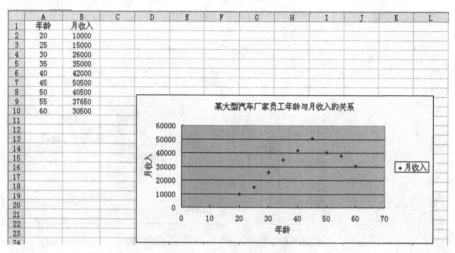

图 3-15　表 3-5 生成的散点图

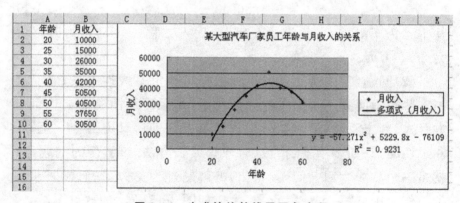

图 3-16　生成的趋势线及回归方程

（1）回归统计表.回归统计表包括复相关系数、复测定系数、调整复测定系数、标准误差、观测值等.

（2）方差分析表.方差分析表的主要作用是通过 F 检验来判断回归模型的回归效果.

（3）总输出标记.总输出标记的主要作用是生成回归函数,拟合回归线的截距和斜率放在总输出标记有"Coefficients"的左下部.

需要特别注意的是,虽然 Excel 软件的回归分析工具无法直接进行非线性回归分析,但对常见的几种非线性模型,可以进行简单的变量替换,将非线性回归问题转换为线性回归问题.

例 3.1.5 如表 3-6 所示,是市场调查人员收集的 9 个商店 2016 年度销售额与流通费率的数据,试利用 Excel 提供的"数据分析"工具对这些数据进行回归分析,进而了解百货商店销售额与流通费率之间的关系.

表 3-6　9 个商店 2016 年度销售额与流通费率的数据表

销售额(X)	1.5	4.5	7.5	10.5	13.5	16.5	19.5	22.5	25.5
流通费率(Y)	6000	10000	15000	26000	35000	42000	50500	40500	37650

解:首先将表 3-6 提供的数据输入到 Excel 表中,点击 Excel 软件主菜单中的"工具"的子菜单"数据分析",在弹出的"数据分析"对话框中选择"回归"选项,点击"确定"按钮,弹出如图 3-17 所示的回归分析对话框,在"Y 值输入区域"输入 ＄Ａ＄1:＄Ａ＄10;在"X 值输入区域"输入 ＄Ｂ＄1:＄Ｂ＄10,在"输出选项"中输入"＄Ｄ＄1".因为第一行为标志,故勾选"标志"选项.点击"确定"即可得到回归分析结果,如图 3-18 所示.

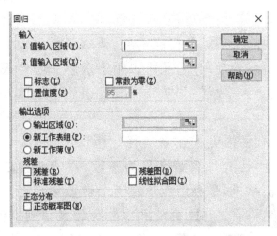

图 3-17　"回归"对话框

	A	B	C	D	E	F	G	H	I	J	K	L	M
1	X	Y		SUMMARY OUTPUT									
2	1.5	6000											
3	4.5	10000		回归统计									
4	7.5	16000		Multiple R	0.887649512								
5	10.5	26000		R Square	0.787921656								
6	13.5	35000		Adjusted R Square	0.75762475								
7	16.5	42000		标准误差	4.044790397								
8	19.5	50500		观测值	9								
9	22.5	40500											
10	25.5	37650		方差分析									
11					df	SS	MS	F	Significance F				
12				回归分析	1	425.4776945	425.47769	26.0066705	0.001400014				
13				残差	7	114.5223055	16.360329						
14				总计	8	540							
15													
16					Coefficients	标准误差	t Stat	P-value	Lower 95%	Upper 95%	下限 95.0%	上限 95.0%	
17				Intercept	-0.065288107	2.982315124	-0.022093	0.9829904	-7.117942773	6.986166559	-7.117942773	6.986166559	
18				Y	0.000464851	9.1153E-05	5.0996736	0.00140001	0.000249308	0.000680393	0.000249308	0.000680393	

图 3-18　通过 Excel 数据分析工具进行回归分析的结果

3.2　LINGO 软件及建模问题

3.2.1　LINGO 软件及其数据处理概论

LINGO 软件是美国 LINGO 系统公司推出的专门用于求解最优化问题的软件包. 从其名称意义上看,LINGO 是"Linear Interactive and General Optimizer"的缩写,其中文翻译是"交互式的线性和通用优化求解器". LINGO 软件不仅可以方便地进行算术运算、逻辑运算、关系运算等,还集成了大量人们常用的标准数学函数、变量界定函数、集循环函数、概率函数等,功能十分强大. 除了用于求解线性规划外,还可以用于求解非线性规划和二次规则,也可以用于一些线性和非线性方程组的求解以及代数方程求根等.

LINGO 软件内置了建立最优化模型的语言,可以便捷地表达大规模问题,还允许决策变量为整数,并能通过高效的求解器快速返回分析结果,是利用数学建模求解数学规划问题的最佳选择. 其在教学、科研、工业、商业和服务等领域得到广泛应用. 利用 LINGO 软件求解实际问题的一般步骤如下:

(1)在调查研究实际问题的基础上,进行合理的数学分析,建

立有效的数学模型,换言之,就是用数学建模的思想建立最优化模型;

(2)根据优化模型及相关的数学理论,利用 LINGO 软件将数学模型翻译为计算机语言,然后利用其求解器强大的求解功能进行求解,并得出所需的结论.

除了上述强大的数据处理功能以外,LINGO 软件还提供了便捷的数据接口,能够方便地与 Excel、数据库等软件交换数据. @OLE 函数是 LINGO 软件实现与 Excel 文件传递数据的接口,使用@OLE 函数既可以将 Excel 文件中的数据导入 LINGO 并计算处理,又能把 LINGO 的计算分析结果写入 Excel 文件. 数据库被公认为是处理大规模数据的最安全、有效的工具,各行各业的业务数据大多都保存在数据库中. LINGO 软件为 Access、dBase、Excel、FoxPro、Oracle、Paradox、SQL Server、Text Files 等主流数据库都准备了驱动程序,能够与这些类型的数据库文件交换数据.

LINGO 软件目前的最新版本为 LINGO16.0,经过不断更新与完善,LINGO 软件的功能越来越强大,受到了数学建模者的广泛认可. 例如,LINGO13.0 扩大并加强了优化模型的不确定性,在随机求解、全局求解等方面增强了求解性能,制图能力也大幅度地提升;LINGO14.0 提供了多线程支持以及数值积分等新功能;LINGO15.0 则对圆锥曲线求解器、线性规划求解器、整数规划求解器、非线性规划求解器以及预测能力等进行了改进.

限于本书篇幅,这里不对 LINGO 软件的具体使用方法一一赘述,有需要的读者可以查阅相关的指导资料. 下面将通过具体实例展开 LINGO 软件在数学建模中的应用分析.

3.2.2　LINGO 软件在线性规划建模中的应用

近年来,产能过剩问题一直是中国乃至全球最热门的经济问题的之一,也是制约经济发展的主要因素. 通过建立合理的数学模型来指导企业的生产决策,可以有效地缓解或避免产能过剩现象的出现. 这里针对一个典型的产能问题,建立线性规划模型,然后通过 LINGO 软件进行求解.

例 3.2.1(多周期生产-库存模型) 某汽车配件制造公司在 2016 年 12 月签订了一份 2017 年上半年的提供某种汽车配件的合同. 每月的需求量分别为 100 件、250 件、190 件、140 件、220 件和 110 件,每个汽车配件的生产成本与劳动力、原材料和水电费用有关,每月不同. 公司估计在 2017 年上半年中,每个汽车配件的生产成本分别为 250 元、225 元、275 元、240 元、260 元和 250 元. 为了利用生产成本变动的有利条件,公司可以选择某些月份的产量多于该月的供应量,而保存剩余的部分为以后的各月交货. 然而,这将导致每月每个汽车配件有 40 元的存储成本. 试建立一个线性规划模型,为该公司确定最优的产品生产时间表.

解:首先来建立线性规划模型. 本问题的变量包括月生产量和月底的库存量. 对于 $i=1,2,3,4,5,6$,令 x_i 为 2017 年 i 月生产汽车配件的个数,I_i 为 2017 年 i 月月底配件的库存数. 另外,依题意可以设最初(签合同前)的库存为 $I_0=0$,即以零库存开始. 上述这些变量与 2017 年上半年范围内月需求之间的关系如图 3-19 所示.

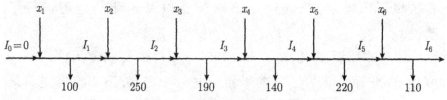

图 3-19 2017 年上半年范围内月需求之间的关系

该问题的目标函数是求生产成本与月末库存成本之和的最小值. 设总生产成本为 M,总库存成本为 N,则有

$$M = 250x_1 + 225x_2 + 275x_3 + 240x_4 + 260x_5 + 250x_6,$$

$$N = 40(I_1 + I_2 + I_3 + I_4 + I_5 + I_6).$$

因此,目标函数为

$$z = M + N$$
$$= 250x_1 + 225x_2 + 275x_3 + 240x_4 + 260x_5 + 250x_6$$
$$+ 40(I_1 + I_2 + I_3 + I_4 + I_5 + I_6).$$

通过图 3-19 可以发现,如果把每个月看成一个生产周期,则每个周期都满足平衡方程

月初库存＋生产量－月末库存＝需求.

这一方程即为该问题的约束条件,按月写成约束的数学表达式为

$$2017 \text{ 年 1 月份:} I_0 + x_1 - I_1 = 100,$$
$$2017 \text{ 年 2 月份:} I_1 + x_2 - I_2 = 250,$$
$$2017 \text{ 年 3 月份:} I_2 + x_3 - I_3 = 190,$$
$$2017 \text{ 年 4 月份:} I_3 + x_4 - I_4 = 140,$$
$$2017 \text{ 年 5 月份:} I_4 + x_5 - I_5 = 220,$$
$$2017 \text{ 年 6 月份:} I_5 + x_6 - I_6 = 110,$$

且有 $x_i \geqslant 0, I_i \geqslant 0, I_0 = 0$. 对于本问题,有一定量的库存结束是不符合逻辑的,所以在任何最优解中,最终库存 I_6 也将是 0. 进而得到完整的线性规划模型(最优化模型),即

$$\min \quad z = 250x_1 + 225x_2 + 275x_3 + 240x_4 + 260x_5 + 250x_6$$
$$+ 40(I_1 + I_2 + I_3 + I_4 + I_5 + I_6),$$

$$\text{s.t.} \quad 2017 \text{ 年 1 月份:} x_1 - I_1 = 100,$$
$$2017 \text{ 年 2 月份:} I_1 + x_2 - I_2 = 250,$$
$$2017 \text{ 年 3 月份:} I_2 + x_3 - I_3 = 190,$$
$$2017 \text{ 年 4 月份:} I_3 + x_4 - I_4 = 140,$$
$$2017 \text{ 年 5 月份:} I_4 + x_5 - I_5 = 220,$$
$$2017 \text{ 年 6 月份:} I_5 + x_6 - I_6 = 110,$$
$$x_i \geqslant 0, I_i \geqslant 0.$$

得到最优化数学模型之后,下一步的工作就是对该模型求解.该问题可以用线性方程组的有关理论求解,但是较为复杂,故

而借助 LINGO,求解程序如下:

```
sets:
    var/1..6/:c,d,x,I;
endsets
min=@sum(var:c*x+h*I);
x(1)-I(1)=d(1);
@for(var(k)|k#gt#1:I(k-1)+x(k)-I(k)=d(k));
data:
    c=250 225 275 240 260 250;
    d=100 250 190 140 220 110;
    h=40;
enddata
```

在 LINGO 软件中运行上述程序,即可得到该问题的最优解,具体如下:

```
Global optimal solution found.
Objective value:                249900.0
Total solver iterations:               0
```

Variable	Value	Reduced Cost
X(1)	100.0000	0.000000
X(2)	440.0000	0.000000
X(4)	140.0000	0.000000
X(5)	220.0000	0.000000
X(6)	110.0000	0.000000
I(2)	190.0000	0.000000

根据上述计算结果,该多周期生产-库存模型的最优解可以由图 3-20 来概括.这表明,按照合同,该公司 2017 年上半年每月的配件需求由每月的生产直接满足,除了 2 月份生产 440 个配件,用来满足 2 月份和 3 月份的需求.而相应的最优总费用是249900 元.

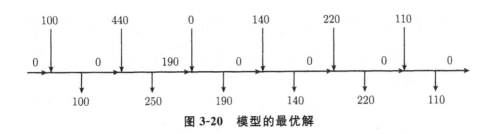

图 3-20　模型的最优解

3.2.3　LINGO 软件在非线性规划建模中的应用

由于非线性规划模型一般都比较复杂,求解起来也要困难得多,而且没有通用的求解算法.对于无约束非线性函数极值问题,常用的求解方法有最速下降法、Newton 法、变尺度法和共轭梯度法等;对于约束优化问题,常用的求解方法有罚函数法和乘子罚函数法.但在更多的情况下,建模者还是借助计算机软件来对非线性规划模型进行求解.接下来就分析一个非线性规划建模案例,并利用 LINGO 软件对其进行求解.

例 3.2.2(运输问题)　设某房地产开发公司 2017 年有 6 个建筑工地要开工,如表 3-7 所示,提供了每个工地的位置(用平面坐标系 x,y 表示,距离单位:km)及水泥日用量 d(单位:t).目前有两个临时料场位于 $A(5,1)$ 和 $B(2,7)$,日储量各有 20t.假设从料场到工地之间均有直线道路相连,试完成以下工作:

表 3-7　每个工地的位置及水泥日用量

工地	1	2	3	4	5	6
x	1.25	8.75	0.5	5.75	3	7.25
y	1.25	0.75	4.75	5	6.5	7.75
d	3	5	4	7	6	11

(1)为该公司制订每天的供应计划,即从 A 和 B 两料场分别向各工地运送多少吨水泥,可使总的水泥日用量乘以相应运输距

离(t·km)最小.

(2)为了降低成本,该公司打算舍弃两个临时料场,改建两个新料场,日储量各为 20t,为该公司选择料场建设地址,使得节省下来的吨千米数最大.

解:这是一个典型的运输问题,问题(1)与问题(2)的数学模型应该是相同的.设 D_{ij} 表示从第 i 个料场向第 j 个工地运送水泥的距离,其中 $i=1,2;j=1,2,3,4,5,6,A$ 和 B 两个料场的坐标记为 (a_i,b_i),日储量记为 f_i,工地的坐标为 (x_j,y_j),则

$$D_{ij}=\sqrt{(x_j-a_i)^2+(y_j-b_i)^2}.$$

当 (a_i,b_i) 已知时,D_{ij} 是常数;当 (a_i,b_i) 未知时,D_{ij} 也是未知的.设从第 i 个料场向第 j 个工地运送水泥的数量为 c_{ij},则料场向各工地运送水泥的吨千米数为

$$\sum_{i=1}^{2}\sum_{j=1}^{6}c_{ij}D_{ij}=\sum_{i=1}^{2}\sum_{j=1}^{6}c_{ij}\sqrt{(x_j-a_i)^2+(y_j-b_i)^2}.$$

进而可以推出所求问题的数学模型为

$$\min z=\sum_{i=1}^{2}\sum_{j=1}^{6}c_{ij}\sqrt{(x_j-a_i)^2+(y_j-b_i)^2},$$

$$\text{s. t.}\quad \sum_{j=1}^{6}c_{ij}\leqslant f_i\quad(i=1,2),$$

$$\sum_{i=1}^{2}c_{ij}=d_j\quad(j=1,2,3,4,5,6),$$

$$c_{ij}\geqslant 0.$$

对于问题(1)而言,由于料场坐标 (a_i,b_i) 已知,所以是线性规划问题,可以仿照例 3.2.1 的程序求解,最小的顿千米数为 136.2275t·km. 限于本书篇幅,这里不再赘述具体的求解过程.对于问题(2)而言,料场坐标 (a_i,b_i) 未知,目标函数为非线性函数,所以是非线性规划问题,利用 LINGO 软件求解该问题的程序如下:

Model:

sets:

supply/1,2/:a,b,f;

demand/1..6/:x,y,d;

link(supply,demand):c;

endsets

data：

！需求点的坐标；

x=1.25,8.75,0.5,5.75,3,7.25；

x=1.25,0.75,4.75,5,6.5,7.75；

d=3,5,4,7,6,11；

f=20,20；

enddsta

！目标函数；

min=@sum(1ink(i,j):c(i,j)*((x(j)−a(i))^2+

(y(j)−b(i))^2)^(1/2))；

！需求约束；

@for(demand(j):@sum(supply(i):c(i,j))=d(j))；

！供应约束；

@for(supply(i):@sum(demand(j):c(i,j))<=f(i))；

@for(supply:@bnd(0.5,x,8.75))；

@for(supply:@bnd(0.75,y,7.75))；

end

需要说明的是,函数@bnd(L,x,U)限制变量 x 的取值范围,$L \leqslant x \leqslant U$.

运行上述程序,可以得到如下结果：

Local optimal solution found.

Variable	Value	Reduced Cost
ObjectiVe value：		85.26604
Total solver iterations：		18
A(1)	3.254883	0.000000
A(2)	7.250000	−0.1954955E−06
B(1)	5.652332	0.000000

B(2)	7.750000	$-0.8808641E-08$
C(1,1)	3.000000	0.000000
C(1,2)	0.000000	0.2051358
C(1,3)	4.000000	0.000000
C(1,4)	7.000000	0.000000
C(1,5)	6.000000	0.000000
C(1,6)	0.000000	4.512336
C(2,1)	0.000000	4.008540
C(2,2)	5.000000	0.000000
C(2,3)	0.000000	4.487750
C(2,4)	0.000000	0.5535090
C(2,5)	0.000000	3.544853
C(2,6)	11.00000	0.000000

上述计算结果表明,该非线性规划问题经过 18 次迭代得到局部最优解,总的运量为 85.2660t·km. 两个新料场的坐标分别为 $A_1(3.25,5.65)$ 和 $B_1(7.25,7.75)$ 时,料场 A_1 每天向工地 1,3,4,5 分别运送 3t,4t,7t,6t 水泥,料场 B_1 每天向工地 2,6 分别运送 5t,11t 水泥. 问题(1)得到的最小吨千米数为 136.2275t·km,故新料场的建立节省吨千米数 50.9615t·km.

最后需要强调的是,只需在问题(2)的 LINGO 程序中再给料场坐标 a,b 赋值即可将其变为求解问题(1)的 LINGO 程序.

3.2.4 LINGO 软件在整数规划建模中的应用

LINGO 软件最大的特色就是可以处理整数规划(包括 0-1 整数规划). 顾名思义,整数规划是要求决策变量取整数值(或部分地取整数值)的数学规划. 现实中的整数规划问题很多,如人员安排、装箱问题、背包问题、生产机器数量等优化问题,开与关、有与无等用 0-1 表示的逻辑问题等. 通常,人们把要求所有决策变量取整数值的数学规划称为纯整数规划,而把要求部分决策变量取整数值的数学规划称为混合整数规划. 在具体实践中, 如果线性规划问题中的所有变量均为整数, 则称其为线性整数规划问题, 其数学模型为

$$\max(\min)z = \sum_{j=1}^{n} c_j x_j,$$

$$\text{s. t.} \quad \sum_{j=1}^{n} a_{ij} x_j \leqslant (=, \geqslant) b_i \quad (i = 1, 2, \cdots, n),$$

$$x_j \quad (j = 1, 2, \cdots, n) \text{ 是整数}.$$

如果非线性规划问题中的所有变量均为整数, 则称其为非线性整数规划问题, 其数学模型为

$$\max(\min)z = f(x_1, x_2, \cdots, x_n),$$

$$\text{s. t.} \quad g_i(x_1, x_2, \cdots, x_n) \leqslant 0 \quad (i = 1, 2, \cdots, m),$$

$$h_j(x_1, x_2, \cdots, x_n) = 0 \quad (j = 1, 2, \cdots, l),$$

$$x_k \quad (k = 1, 2, \cdots, n) \text{ 是整数}.$$

如果数学规划中决策变量只取 0 或 1, 则称其为 0-1 整数规划.

关于整数规划模型的求解, 同样没有固定的模式, 最常用的方法有分支定界法、割平面法、隐枚举法和匈牙利算法等. 绝大多数情况下, 建模者都要借助计算机软件求解整数规划问题, 而 LINGO 软件是最佳选择.

例 3.2.3(装货问题)　高效便捷的物流服务是现代服务业的排头兵, 2017 年 2 月 24 日, 以物流服务为主的顺丰控股正式登陆 A 股市场, 受到了投资机构及股民的热捧, 可见社会对现代物流业的看好程度. 装货问题是物流行业最关心的问题之一, 该问题就需要整数规划的相关理论来指导. 假设某物流公司要把 7 种规格的包装箱 $C_1 \sim C_7$ 装到两辆铁路平板车上去. 包装箱的宽和高都是相同的, 但厚度 t (单位: cm) 及重量 w (单位: kg) 却不同. 表 3-8 给出了包装箱 $C_1 \sim C_7$ 的厚度、重量及数量. 每辆平板车有 10.2m 长的地方可以用来装箱 (像面包片那样), 载重为 40t. 由于当地货运政策的限制, 对 C_5, C_6, C_7 三类包装箱的总数有特定的约束, 即厚度不得超过 302.7cm. 试建立平板车装箱的数学模型, 使浪费的空间最小.

表 3-8　包装箱 $C_1 \sim C_7$ 的厚度、重量及数量

箱名	C_1	C_2	C_3	C_4	C_5	C_6	C_7
t/cm	48.7	52.0	61.3	72.0	48.7	52.0	64.0
w/kg	2000	3000	1000	500	4000	2000	1000
箱数	8	7	9	6	6	4	8

解：设第 i 辆平板车上装 C_j 箱的个数为 x_{ij}，且为整数，其中 $i = 1,2; j = 1,2,3,4,5,6,7$. 第 j 箱的厚度为 a_j，重量为 b_j，箱数为 d_j，则所有包装箱的重量为

$$W = d_1 b_1 + d_2 b_2 + \cdots + d_7 b_7 = 89\text{t},$$

两辆平板车的载重量为 $40 \times 2 = 80\text{t}$，所以所有包装箱不能全部装下. 要想使浪费的空间最小，需使两辆平板车装载包装箱的厚度总和最大，所以目标函数为

$$z = \sum_{i=1}^{2} \sum_{j=1}^{7} x_{ij} a_j.$$

而且主要受到四个方面的约束，分别为包装箱数的约束

$$\sum_{i=1}^{2} x_{ij} \leqslant d_j \quad (j = 1,2,\cdots,7),$$

重量约束

$$\sum_{j=1}^{7} b_j x_{ij} \leqslant 40 \quad (i = 1,2),$$

厚度约束

$$\sum_{j=1}^{7} a_j x_{ij} \leqslant 10.2 \quad (i = 1,2),$$

对 C_5, C_6, C_7 的特殊要求约束

$$\sum_{j=5}^{7} a_j x_{ij} \leqslant 3.027 \quad (i = 1,2).$$

综上所述，原问题的数学模型是一个含有 13 个不等式约束及 14 个自然数约束条件的整数线性规划模型，即

$$\max(\min) \quad z = \sum_{i=1}^{2}\sum_{j=1}^{7} x_{ij}a_j,$$

$$\text{s. t.} \quad \sum_{i=1}^{2} x_{ij} \leqslant d_j \quad (j=1,2,\cdots,7),$$

$$\sum_{j=1}^{7} b_j x_{ij} \leqslant 40 \quad (i=1,2),$$

$$\sum_{j=1}^{7} a_j x_{ij} \leqslant 10.2 \quad (i=1,2),$$

$$\sum_{j=5}^{7} a_j x_{ij} \leqslant 3.027 \quad (i=1,2),$$

$$x_{ij} \quad (i=1,2; j=1,2,\cdots,7) \text{ 是整数}.$$

利用 LINGO 软件求解该整数规划问题的程序如下：

```
Model：
sets：
  guige/1.7/：a,b,d;
  number/1,2/；
  xiangshu(number,guige)：x;
endsets
data：
  a=0.487,0.520,0.613,0.720,0.487,0.520,0.640；
  b=2,3,1,0.5,4,2,1；
  d=8,7,9,6,6,4,8；
enddata
  max=@sum(xiangshu(i,j)：x(i,j)*a(j))；
  @for(guige(j)：@sum(number(i)：x(i,j))<=d(j))；
  @for(number(i)：@sum(guige(j)：x(i,j)*b(j))<=40)；
  @for(number(i)：@sum(guige(j)：x(i,j)*a(j))<=10.2)；
  @for(number(i)：@sum(guige(j)|j#gt#4：x(i,j)*a(j))
    <=3.027)；
  @for(xiangshu：@gin(x))；
end
```

需要说明的是,上述程序中的"j♯gt♯4"表示 $j > 4$;@gin(x)限制 x 为整数.

运行上述程序,可以得到如下的结果:

Global optimal solution found.

Objective value:		20.40000
Extended solver steps:		99634
Total solver iterations:		180464
Variable	Value	Reduced Cost
X(1,1)	6.000000	−0.4870000
X(1,2)	2.000000	−0.5200000
X(1,3)	6.000000	−0.6130000
X(1,4)	0.000000	−0.7200000
X(1,5)	0.000000	−0.4870000
X(1,6)	0.000000	−0.5200000
X(1,7)	4.000000	−0.6400000
X(2,1)	0.000000	−0.4870000
X(2,2)	5.000000	−0.5200000
X(2,3)	2.000000	−0.6130000
X(2,4)	5.000000	−0.7200000
X(2,5)	2.000000	−0.4870000
X(2,6)	1.000000	−0.5200000
X(2,7)	2.000000	−0.6400000

通过上述计算结果可知,向第一辆平板车上装包装箱 $C_1 \sim C_7$ 的个数分别为 6,2,6,0,0,0,4,向第二辆平板车上装包装箱 $C_1 \sim C_7$ 的个数分别为 0,5,2,5,2,1,2,此时包装箱的厚度总和为 20.4m,浪费的空间最小.

3.2.5 LINGO 软件在动态规划建模中的应用

通过线性规划、非线性规划、整数规划等手段建立的数学模型都不需要考虑时间的变化,故而称为静态规划模型.在具体问题中,往往可以在时间或空间上将问题化为若干个相互联系的阶段,要求在每个阶段作出一个决策,这样的问题称为多阶段决策问题.若将每一阶段所作的决策形成的序列称为一个策略,则求解多阶段决策问题便是寻找最优策略的问题.动态规划就是寻找多阶段决策问题最优策略的优化方法,有着非常广泛的应用.动态规划涉及阶段、状态、决策、策略、状态转移方程、指标函数、最优值函数等基本概念,也有着一套独有的建模思想.有兴趣的读者可以查阅相关文献资料,这里不再赘述.LINGO 软件不仅在处理静态规划模型方面有着卓越的性能,而且可以方便、快捷地处理动态规划模型.

例 3. 2. 4(最路短问题)　随着社会的发展,人们的生活水平不断提高,轿车进入了越来越多的家庭.在提高人们生活质量的同时,也给城市交通带来了极大的压力.各大中心城市的交通拥堵问题日益明显,设计更加高效的城市交通网络成为了各大城市的主要奋斗目标之一.最路短问题是城市交通规划中必须考虑的一个问题.如图 3-21 所示,是一个简化的城市交通布局图,试找出从 A 地到 G 地的最短路线.

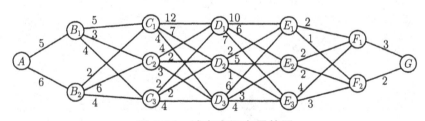

图 3-21　城市交通布局简图

解:应用动态规划的思想建立数学模型.将最短路问题分成 6 个阶段,$A \rightarrow B \rightarrow C \rightarrow D \rightarrow E \rightarrow F \rightarrow G$.首先考虑 F_i 到 G 的最短路线,如果将 F_i 作为初始状态,按照最优化原理所述的基本思想,一定要找到 F_i 到 G 的最短路线(由于只有一条,这一点很容易做到).再考虑从 E_i 到 G 的最短路线,同样的道理,如果将 E_i 作为初始状态,则需要找到 E_i 到 G 的最短路线,尽管这比找到从 F_i

到 G 的最短路线难一些,但从 F_i 到 G 的最短路线已经找到,所以完全可以通过递推的手段获得. 以此类推,即可得到从 A 到 G 的最短路线,计算结果如图 3-22 所示,图中的粗线代表最短路线.

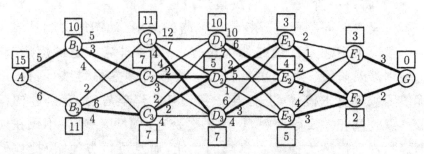

图 3-22　动态规划分析结果

对于最短路线问题,如果设其有 n 个点,其中顶点 1 为起点,顶点 n 为终点. 将连接顶点 i 到顶点 j 的边设成决策变量 x_{ij},当 $x_{ij} = 1$ 时表示最短路线选择了这条边;当 $x_{ij} = 0$ 时表示最短路线不选此边. 用最短路线中的顶点 i 建立约束方程,$\sum\limits_{j=1}^{n} x_{ij}$ 表示从顶点 i 到各点的"流出"值,$\sum\limits_{j=1}^{n} x_{ji}$ 表示从各点到顶点 i 的"流入"值. 对于起点 $i = 1$,流出值为 1,流入值为 0;对于终点 $i = n$,其流出值为 0,流入值为 1;对于中间其他各点,流入值等于流出值. 因此,顶点 i 的约束条件为

$$\sum_{\substack{j=1 \\ (i,j) \in E}}^{n} x_{ij} - \sum_{\substack{j=1 \\ (j,i) \in E}}^{n} x_{ji} = \begin{cases} 1, & i = 1 \\ 0, & i \neq 1, n, \\ -1, & i = n \end{cases}$$

由于最短路线要求各边决策变量的取值达到最小,所以其数学规划模型为

$$\max(\min) \quad z = \sum_{(i,j) \in E} c_{ij} x_{ij},$$

$$\text{s. t.} \quad \sum_{\substack{j=1 \\ (i,j) \in E}}^{n} x_{ij} - \sum_{\substack{j=1 \\ (j,i) \in E}}^{n} x_{ji} = \begin{cases} 1, & i = 1 \\ 0, & i \neq 1, n, \\ -1, & i = n \end{cases}$$

$$x_i = 0 \text{ 或 } 1, (i,j) \in E,$$

其中 E 为最短路的边所构成的集合.

根据上述模型即可编写题设问题的 LINGO 程序,具体如下.

Model:

sets:

　　nodes/A,B1,B2,C1,C2,C3,D1,D2,D3,E1,E2,E3,F1,F2,G/;

　　arcs(nodes,nodes)/

　　　　A,B1 A,B2

　　　　B1,C1 B1,C2 B1,C3

　　　　B2,C1 B2,C2 B2,C3

　　　　C1,D1 C1,D2 C1,D3

　　　　C2,D1 C2,D2 C2,D3

　　　　C3,D1 C3,D2 C3,D3

　　　　D1,E1 D1,E2 D1,E3

　　　　D2,E1 D2,E2 D2,E3

　　　　D3,E1 D3,E2 D3,E3

　　　　E1,F1 E1,F2

　　　　E2,F1 E2,F2

　　　　E3,F1 E3,F2

　　　　F1,G

　　　　F2,G

　　/:c,x;

endsets

data:

　　c＝5 6　　! A,B1　A,B2;

　　　　5 3 4　! B1,C1 B1,C2 B1,C3;

　　　　2 6 4　! B2,C1 B2,C2 B2,C3;

　　　12 7 4　! C1,D1 C1,D2 C1,D3;

　　　　4 2 3　! C2,D1 C2,D2 C2,D3;

　　　　2 2 4　! C3,D1 C3,D2 C3,D3;

```
      10 6 7    ! D1,E1 D1,E2 D1,E3;
       2 5 1    ! D2,E1 D2,E2 D2,E3;
       6 3 4    ! D3,E1 D3,E2 D3,E3;
       2 1      ! E1,F1 E1,F2;
       2 2      ! E2,F1 E2,F2;
       4 3      ! E3,F1 E3,F2;
       3        ! F1,G;
       2;       ! F2,G;
```

enddata

n＝＠size(nodes);

rain＝＠sum(arcs:c∗x);

＠sum(arcs(i,j)│i♯eq♯1:x(i,j))＝1;

＠for(nodes(i)│i♯ne♯1♯and♯i♯ne♯n:

＠sum(arcs(i,j):x(i,j))－＠sum(arcs(j,i):x(j,i))＝0);

＠sum(arcs(j,i)│i♯eq♯n:x(j,i))＝1;

＠for(arcs:＠bin(x));

end

在上述 LINGO 程序中,第 2,3 行定义顶点集,第 4～19 行定义边集,第 37 行为计算顶点集的个数,第 39～43 行对应于约束 (4.34),第 44 行对应于约束 (4.35).这里提到了 LINGO 的集的定义,一方面可以通过题意直接体会其意义;另一方面可以参阅 LINGO 的相关资料,了解其集的概念.运行上述程序可以得到如下计算结果:

Global optimal solution found.

Objective Value: 15.00000

Extended solver steps: 0

Total solver iterations: 0

Variable	Value	Reduced Cost
X(A,B1)	1.000000	5.000000
X(Bi,C2)	1.000000	3.000000

X(C2,D2)	1. 000000	2. 000000
X(D2,E1)	1. 000000	2. 000000
X(E1,F2)	1. 000000	1. 000000
X(F2,G)	1. 000000	2. 000000

通过上述计算结果可知,在图 3-21 所示的城市交通布局简图中,从 A 地到 G 地的最短路线为

$$A \rightarrow B_1 \rightarrow C_2 \rightarrow D_2 \rightarrow E_1 \rightarrow F_2 \rightarrow G,$$

最短路的长度为 15.

3. 3　SPSS 软件及建模问题

3. 3. 1　SPSS 软件及其数据处理概论

SPSS 是世界上最早的统计分析软件,与 SAS、BMDP 并称为三大综合性统计软件,其英文全称为 Statistical Product and Service Solutions. 它的主要功能包括统计分析、数据挖掘、数据收集、企业应用服务四大部分. SPSS 软件的前身是社会科学统计软件包,由 SPSS 公司研发并于 1984 年推出. 其最大的特点就是操作界面友好、输出结果美观、编程方便快捷、功能强大且针对性强、兼容性好. 经过多年的发展与更新,SPSS 的服务领域在不断扩大,服务深度也在不断增加,在数学、物理学、地理学、生物学、统计学、经济学、物流管理、心理学、医疗卫生、体育、农业、林业、商业等各个领域都有着非常重要的应用. SPSS 公司已于 2009 年被 IBM 公司收购,最新的软件版本为 SPSS22.0,并且已经更名为 IBM SPSS.

SPSS 操作十分便捷,它将几乎所有的功能都以统一规范的界面展现出来,使用 Windows 的窗口方式展示各种管理和分析数据方法的功能,对话框展示出各种功能选择项. 具有统计分析

基础的使用者只需具备一定的计算机基础即可以将其驾驭.

  SPSS 具有很好的数据管理功能. 它采用了与 Microsoft Excel 相类似的输入方式和数据管理方式,具有通用性与兼容性极好的数据接口,能方便地从其他数据库中读入数据. SPSS 集成了人们常用的较为成熟的统计过程,输出结果采用非常规范、美观的枢轴表,存储时既能保存为 SPO 格式,又能保存为 HTML 格式和 txt 格式. 不仅如此,SPSS 的每个新增版本都会对数据管理功能做一些改进,以提高分析效率,提升用户体验.

  SPSS 有着专门的绘图系统,可以根据数据绘制各种图形. 而且不止具有完善的常规图功能,还在常规图中引入了强大的交互图功能,如图组、带误差线的分类图形(误差线条图和线圈)、一维效果的简单堆积和分段饼图等.

  SPSS 具有十分强大的统计分析能力,其统计分析过程包括描述性统计、均值比较、数据简化、对数线性分析、一般线性分析、相关分析、回归分析、聚类分析、生存分析、时间序列分析、多重响应等几大类,每类中又分好几个统计过程,比如回归分析中又分线性回归分析、曲线估计、Logistic 回归、Probit 回归、加权估计、两阶段最小二乘法、非线性回归等. 与此同时,在每个过程中,SPSS 都允许用户选择不同的方法及参数. 借助这些强大的统计分析能力,数学建模者不仅可以在 SPSS 软件中方便、高效地完成常规的建模工作,而且可以实现复杂抽样的设计方案. 尤其是在全面进入大数据时代的今天,SPSS 软件在数学建模中的优势越来越明显.

3.3.2 应用 SPSS 软件进行聚类分析

  在现实世界中存在着大量的分类问题,具体的实例可谓数不胜数. 研究事物分类问题的基本方法有判别分析与聚类分析两种. 若已知总体的类别数目及各类的特征,要对类别未知的个体正确地归属其中某一类,这时需要用判别分析法. 若事先对总体到底有几种类型无从知晓,则要想知道观测到的个体的具体分类情况,就需要用聚类分析法.聚类分析在具体实践中的应用非常多,尤其是在多元统计分析中,虽然可用来作预报的方法很多,如回归分析或判别分析,但对一些异常数据,如气象中的灾害性天气的预报,使用回归分析或判别分析处理的效果都不好,而聚类分析则可以收到比较好的效果.聚类分析的基本思想及步骤如下:

(1)根据实际问题,定义能度量样品(或变量)间相似程度(亲疏关系)的统计量,在此基础上求出各样品(或变量)间相似程度的度量值;

(2)按相似程度的大小,把样品(或变量)逐一归类,关系密切到聚集到一个小的分类单位,关系疏远的聚合到一个大的分类单位,直到所有的样品(或变量)都聚合完毕,把不同的类型一一划分出来,形成一个由小到大的分类系统;

(3)根据整个分类系统画出亲疏关系谱系图.

聚类分析的具体方法多种多样,大致可以归结为如下几种类型:

(1)系统聚类法.该方法是将 n 个样品看成 n 类,然后将性质最接近的两类合并成一个新类,得到 $n-1$ 类,合并后重新计算新类与其他类的距离与相近性测度.以此类推,直至所有对象归为一类为止,并用一张谱系聚类图来描述聚类的过程.

(2)有序样品聚类法.该聚类法又称最优分割法,仅适用于有序样品的分类问题.它首先将所有样品看成一类,然后根据某种最优准则将这些样品分割为二类、三类,一直分割到所需的 K 类为止.

(3)模糊聚类法.该聚类方法多用于定性变量的分类.利用模糊集理论来处理分类问题,它对经济领域中具有模糊特征的两态数据和多态数据具有明显的分类效果.

(4)动态聚类法.该聚类方法又称调优法.它首先对 n 个对象初步分类,然后根据分类的损失函数尽可能小的原则进行调整,直到分类合理为止.

（5）图论聚类法.该聚类方法利用图论中最小支撑树的相关理论来处理分类问题.

（6）快速聚类法.该聚类方法又称 K 均值聚类法,它是一种非谱系聚类法,适用于事先明确分类数目以及样本量很大时的聚类分析.

聚类分析已经是一个成熟的统计分析方法,它有着一套完善的理论体系.限于本书篇幅,这里不对聚类分析的具体理论进行赘述,有兴趣的读者可以参考相关文献.下面仅就相对简单的快速聚类法展开讨论,并借助 SPSS 软件完成一个具体案例的快速聚类分析.

采用快速聚类法得到的结果比较简单易懂,对计算机的性能要求不高,并且计算量相较于系统聚类法要少得多,因此应用也比较广泛,特别适合大样本的聚类分析.快速聚类法的基本思想是把每个样品聚集到其最近形心（均值）类中.这个过程包括以下三步：

（1）把样品粗略分成 K 个初始类,如果最初没有把样品粗略地分到 K 个预先指定的类中,也可以指定 K 个最初形式,即种子点；

（2）进行修改,逐个分派样品到其最近均值的类中（通常用标准化数据或非标准化数据计算欧氏距离）,重新计算接受新样品的类和失去样品的类的均值；

（3）重复第（2）步,直到各类无元素进出为止.

需要注意的是,在快速聚类的过程中,样品的最终聚类结果在某种程度上依赖于最初的划分或种子点的选择.为了检验聚类的稳定性,可用一个新的初始分类重新检验整个聚类算法.如果最终分类的结果与原来一样,则不必再进行计算,否则就要另行考虑聚类算法.

如图 3-23 所示是快速聚类法的分析流程图.在这里,将快速聚类法的基本算法步骤总结如下：

(1)将数据进行标准化处理. 通常情况下, 问题所包含变量的量纲是不同的, 这就要求对数据进行标准化处理.

(2)当分类数目给定为 k 时, 确定每一类的初始中心位置, 也就是 k 个初始凝聚点, 通常选取前 k 个样品作为凝聚点.

(3)计算各个样品与 k 个凝聚点的距离, 根据最近距离准则将所有样品逐个归入 k 个凝聚点所在的类, 得到初始分类结果.

(4)在(3)的基础上重新计算类的中心.

(5)所有样品归类后即为一次聚类, 形成新的聚类中心. 如果满足一定的条件, 则停止聚类, 否则转到第(3)步继续. 这里的"一定条件"根据具体问题而定, 如聚类次数达到指定的迭代次数或两次计算的最大类中心的变化小于初始类中心之间最小距离的一定比例等.

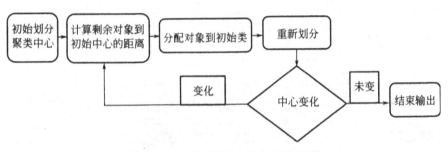

图 3-23 快速聚类法的分析流程图

SPSS 软件具有强大的聚类分析功能, 点击 SPSS 软件菜单栏中的"Analyze(分析)"→"Classify(分类)"→"K-Means Cluster(K均值聚类)"命令即可进行快速聚类分析.

例 3.3.1 环境问题是当今世界最主要的问题之一, 正确处理好生态环境与经济发展的关系, 是实现可持续发展的内在要求. 2013 年 9 月 7 日, 习近平总书记在哈萨克斯坦纳扎尔巴耶夫大学发表演讲并回答学生们提出的问题, 在谈到环保问题时他指出:"我们既要绿水青山, 也要金山银山. 宁要绿水青山, 不要金山银山, 而且绿水青山就是金山银山."由此可以看出环境对人类社会和经济发展的重大意义, 以及我国政府对环境的重视程度. 如

表 3-9 所示,给出的是 2009 年我国除港、澳、台地区之外的 31 个省、自治区、直辖市的环境污染数据. 该数据选用了工业废气排放总量 X_1、工业废水排放总量 X_2 以及二氧化硫排放总量 X_3 三项指标. 试在借助 SPSS 软件的前提下,通过表 3-9 提供的三项指标数据来研究各省市之间的环境污染程度的差异.

表 3-9 2009 年我国除港、澳、台地区之外的 31 个省、
自治区、直辖市的环境污染数据

序号	地区	X_1	X_2	X_3
1	北京	4408	8713	11.9
2	天津	5983	19441	23.7
3	河北	50779	110058	125.3
4	山西	23693	39720	126.8
5	内蒙古	24844	28616	139.9
6	辽宁	25211	75159	105.1
7	吉林	7124	37563	36.3
8	黑龙江	9977	34188	49
9	上海	10059	41192	37.9
10	江苏	27432	256160	107.4
11	浙江	18860	203442	70.1
12	安徽	15273	73441	53.8
13	福建	10497	142747	42
14	江西	8286	67192	56.4
15	山东	35127	182673	159
16	河南	22186	140325	135.5
17	湖北	12523	91324	64.4
18	湖南	10973	96396	81.2
19	广东	22682	188844	107
20	广西	13184	161596	89
21	海南	1353	7031	2.2

续表

序号	地区	X_1	X_2	X_3
22	重庆	12587	65684	74.6
23	四川	13410	105910	11.5
24	贵州	7786	13478	117.5
25	云南	9484	32375	49.9
26	西藏	15	942	0.2
27	陕西	11032	49137	80.4
28	甘肃	6314	16364	50
29	青海	3308	8404	13.6
30	宁夏	4701	21542	31.4
31	新疆	6975	24201	59

解:该问题属于典型的多元分析问题,需要利用多个指标来分析各省市之间环境污染程度的差异,因此考虑利用快速聚类分析来研究各省市之间的差异性.沿用表 3-9 的设定,用 X_1 表示工业废气排放总量,X_2 表示工业废水排放总量,X_3 表示二氧化硫排放总量,并用 Y 表示地区.

应用 SPSS 软件打开数据文件,选择菜单栏中的"分析"→"分类"→"K 均值聚类"命令,则会出现"K 均值聚类"对话框.在左侧的"候选变量"列表框中将变量 X_1,X_2,X_3 设定为聚类分析变量,将其添加至"变量"列表框中;将变量 Y 设定为指示变量,将其添加至"标注个案"列表框中,增加输出结果的可读性.在"聚类数"文本框中输入数值 3,表示将样品分为三类.在"方法"选项组中可以选择聚类方法,选择"迭代与分类"表示选择初始类中心,在迭代过程中不断更新聚类中心,把观测量分派到与之最近的以类中心为标志的类中去.而"仅分类"表示只使用初始类中心对观测量进行分类,聚类中心始终不变.

点击"迭代"按钮,则会出现"K 均值聚类分析:迭代"对话框,在该对话框中可以进一步选择迭代参数.该对话框中的"最大迭代次数"用于输入 K-means 算法中的迭代次数,系统默认值为 10,选择范围为 1 至 99,当达到迭代次数上限时,即使没有满足收敛判据,迭代也会停止;"收敛性标准"用于指定 K-means 算法中的收敛标准,输入一个不超过 1 的正数作为判定迭代收敛的标准.系统默认的收敛标准为 0.02,显示为 0,表示两次迭代计算最小的类中心变化距离小于初始类中心距离的 2% 时收敛,迭代停止.勾选"使用运行平均值"复选框表示每个样品一归类,立即重新计算该类的中心;不选此项表示当有多个样品归类后才计算各类的中心,这样可以节省迭代时间.这里采用默认选项,点击"继续"则返回主对话框.

点击"保存"则会出现"K 均值聚类分析:保存"对话框,该对话框用于选择保存新变量.如果勾选"聚类成员"复选框,表示将在当前数据文件中建立一个名为"qcl_1"的新变量,其值表示聚类结果,即各样品被分到哪一类.如果勾选"与聚类中心的距离"复选框,表示在当前数据文件中建立一个名为"qcl_2"的新变量,其值为各样品与所属类中心之间的欧氏距离.这里将这两个复选框都勾选.点击"继续"则再次返回主对话框.

点击"选项"则会出现"K 均值聚类分析:选项"对话框,用于指定要计算的统计量和带有缺失值的观测值的处理方式.在"统计量"选项组选择要输出的统计量,包括"初始聚类中心""方差分析表""每个观测量的聚类信息",这里三个选项都选.在"缺失值"选项组选择处理缺失值的方法,"按列表排除个案"表示分析变量中带有缺失值的观测量都不参与后继分析,"按对排除个案"表示成对剔除带有缺失值的观测量.这里选择无缺失值,点击"继续"返回主对话框,最后单击"完成"结束 SPSS 操作,软件自动输出结果.

得到输出结果之后,接下来的工作就是模型结果分析.SPSS 软件首先给出了进行快速聚类分析的初始类中心数据,如表 3-10 所示.这里要将样品分为三类,因此有三个中心位置,但这些中心位置可能会在后继的迭代计算中进行调整.

表 3-10 初始类中心数据

	聚类		
	1	2	3
X_1	15.00	22186.00	27432.00
X_2	942.00	140325.00	256160.00
X_3	0.20	135.50	107.40

表 3-11 所示的是迭代历史记录表,显示了快速聚类分析的迭代过程. 第一次迭代的变化值最大,其后随之减少,最后第三次迭代时聚类中心就不再变化了. 这说明迭代过程速度很快.

表 3-11 迭代历史记录表

迭代	聚类中心内的更改		
	1	2	3
1	29063.875	15957.030	26705.187
2	4706.401	3783.493	22208.692
3	0.000	0.000	0.000

表 3-12 所示的是快速聚类分析的最终结果列表. 可以看到样品被分为以下三类:

(1)有 20 个地区工业废水、废气及二氧化硫的排放总量相对最低,分别是北京、天津、山西、内蒙古、辽宁、吉林、黑龙江、上海、安徽、江西、海南、重庆、贵州、云南、西藏、陕西、甘肃、青海、宁夏、新疆.

(2)有 7 个地区的污染程度在所有地区中位居中等水平,分别是河北、福建、河南、湖北、湖南、广西、四川.

(3)有 4 个地区的工业废水、废气及二氧化硫排放总量是最高的,环境污染也最为严重,分别是江苏、浙江、山东和广东.

表中最后一列给出了样品和所属类别中心的聚类,此表中的最后两列分别作为新变量保存于当前数据工作文件中.

表 3-12 最终结果列表

案例号	Y	聚类	距离
1	北京	1	25118.572
2	天津	1	14329.813
3	河北	2	33599.187
4	山西	1	15229.698
3	内蒙古	1	15617.375
6	辽宁	1	44640.209
7	吉林	1	5166.302
8	黑龙江	1	970.512
9	上海	1	7974.071
10	江苏	3	48400.698
11	浙江	3	8376.070
12	安徽	1	40576.408
13	福建	2	23199.003
14	江西	1	34012.154
15	山东	3	26705.675
16	河南	2	19382.046
17	湖北	2	30580.701
18	湖南	2	26088.916
19	广东	3	19228.624
20	广西	2	40830.064
21	海南	1	27554.069
22	重庆	1	32574.165
23	四川	2	16301.299
24	贵州	1	19856.322
25	云南	1	950.415
26	西藏	1	33762.989
27	陕西	1	15956.618

续表

案例号	Y	聚类	距离
28	甘肃	1	17236.706
29	青海	1	25681.133
30	宁夏	1	12790.668
31	新疆	1	9487.038

表 3-13 所示的是最终聚类中心,通过该表可以发现,最后的中心位置与表 3-10 中的初始中心位置相比发生了较大的变化.

表 3-13　最终聚类中心

	聚类		
	1	2	3
X_1	9920.65	19078.86	26025.25
X_2	33219.15	121193.71	207779.75
X_3	55.98	78.41	110.88

表 3-14 所示的是最终聚类中心间的距离,表示快速聚类分析最终确定的各类中心位置的距离.通过该表可以看出,第一类和第三类之间的距离最大,而第二类和第三类之间的距离最短,这些结果和实际情况是相符合的.

表 3-14　最终聚类中心间的距离

聚类	1	2	3
1		88449.970	175301.923
2	88449.970		86864.233
3	175301.923	86864.233	

表 3-15 所示的是误差分析表.该表显示了各个指标在不同类的均值比较情况.从中可以发现,各个指标在不同类之间的差异是非常明显的,这进一步验证了聚类分析结果的有效性.

表 3-15　误差分析表

	聚类		误差		F	Sig
	均方	df	均方	df		
X_1	5.458E8	2	86415059.434	28	6.316	0.005
X_2	6.018E10	2	6.317E8	28	95.270	0.000
X_3	5500,678	2	1679.276	28	3.276	0.053

表 3-16 所示的是聚类数据汇总表,该表显示了聚类分析最终结果中各个类别的数目.其中第一类的数目为 20,第二类的数目为 7,第三类的数目为 4,第一类最多,第三类最少.

表 3-16　聚类数据汇总表

	1	20.000
聚类	2	7.000
	3	4.000
有效		31.000
缺失		0.000

3.4　Maple 软件及建模问题

Maple 软件是当今世界上最流行的工程计算软件之一,它由加拿大滑铁卢大学组织研制,目前的最新版本是 Maple2016.2.该软件功能齐全、操作便利、界面友好.它规范地集成了 5000 多个符号和数值计算命令,不仅涵盖了微积分、线性代数、概率统计、微分方程、组合数学、复分析、实分析、泛函分析、数论等几乎所有数学领域的运算功能,还可以进行各种工程计算,如统计过程控制、控制器设计、小波分析、灵敏度分析等.同时,其输出结果内容丰富、格式多样,又与人们日常的数学表达习惯非常吻合,十分便于分析和保存.正是由于 Maple 软件具有上述强大功能和优点,所以其在数学建模中也会经常用到.

要了解 Maple 软件的具体使用方法,可以通过其官方网站观看其视频教程或参阅相关的文献资料.这里主要讨论 Maple 软件在数学建模中的应用.综合研究数学建模的特点,参考大量数学建模者的建模经验和研究结论,我们可以将使用 Maple 系统进行数学建模的一般步骤归纳如下:

(1)根据数学建模的基本原则与方法,分析所研究问题的规律,并提取所涉及规律的主要特征,作为数学建模的依据.同时还有必要对问题进行适当的简化,但要确保主要特征不缺失.另外,还要准备一组合理的数据,作为验证模型之用.

(2)进一步研究(1)中所得到的规律及其主要特征,确定建立数学模型的类型.例如,投入产出规律选用数学规划模型,测量数据选用拟合模型,动态运动规律选用微分方程模型等.

(3)深入分析建模所依赖的数据及其变化特征,设计要建立的数学模型的最佳解析表达式.

(4)利用 Maple 软件出色的数学处理能力,针对具体模型编写程序,并完成求解.

(5)根据 Maple 求解结果,得出实际问题的结论,并进行检验,进而对模型的合理性、可靠性等作出评价.

例 3.4.1　某高科技公司 2016 年自主研发了 X_1, X_2, X_3 三种精密仪器.该公司对生产每种精密仪器所消耗的贵金属材料、电力、工时量以及月供应量进行了调查,并对每件精密仪器的利润进行了市场分析,得到了如表 3-17 所示的数据.试根据已有数据,借助 Maple 软件完成以下问题:

(1)建立数学模型,确定三种精密仪器的月需求量不超过 1600 件时的最优生产方案;

(2)修改(1)中所建立的数学模型,确定三种精密仪器的月需求量不少于 100 件时的最优生产方案.

表 3-17　调查统计数据表

精密仪器	贵金属/kg	电力/kW	工时/h	利润/元
X_1	15	13	12	800
X_2	11	10	10	550
X_3	10	12	9	620
月供应量	8960	10500	8500	S

解:通过分析可知,该问题符合线性规划模型的规律,其模型的目标函数与约束条件数据完备.

用 Maple 软件设计数学模型.

首先确定目标函数,具体程序如下:

f:=800 * x1+550 * x2+620 * x3;

接着确定约束条件集合,具体程序如下:

Con1:=15 * x1+11 * x2+10 * x3<=8960;

Con2:=13 * x1+10 * x2+12 * x3<=10500;

Con3:=12 * x1+10 * x2+9 * x3<=8500;

Set1:={con1,con2,con3};

然后测定约束条件集合的可解性,具体程序如下:

With(simples):

Feasible(set1);

得到的输出结果为 Ture,故而,约束条件集合可解.

进一步求线性规划的最优解,具体程序如下:

Maxiimze(f,set1,NONNEGATIVE);

　　{x2=0,x3=4102/5,xl=252/5}

接下来就需要修改上述数学模型,增加约束条件,并求线性规划的最优解,具体程序如下:

Con4:=x1+x2+x3 <=1600;

Con5:=x1 >=100;

Set2:={con1,con2,con3,con4,con5};

进一步测定约束条件集合的可解性,具体程序如下:

Feasible(set1)；

得到的输出结果为 Ture,故而,约束条件集合仍然可解.继续求新线性规划的最优解,具体程序如下：

Maxiimze(f,sct2,NONNEGATIVE)；

　　$\{x1=100,x2=0,x3=746\}$

再次增加约束条件并求线性规划的最优解.具体程序如下：

con6：$x2>=100$；

Set0：$=\{con1,con2,con3,con4,con5,con6\}$；

Feasible(set0)；

　　Ture

Maxiimze(f,sct0,NONNEGATIVE)；

　　$\{x3=636,x1=100,x2=100\}$（＊最优解＊）

　　$f=529320$（＊目标函数值＊）

至此,题设问题得到圆满解决.

3.5　MATLAB 软件及建模问题

3.5.1　MATLAB 软件及其数据处理概论

对于数学建模人员而言,MATLAB 可以说是最熟悉的数值计算软件,国内绝大多数的数学建模教材都采用 MATLAB 做数学模型的近似计算. MATLAB 源于"Matrix Laboratory"一词,原意为矩阵实验室,而 MATLAB 的前身则是一种专门用于矩阵数值计算的软件.随着矩阵理论在数学中的普遍应用,MATLAB 软件的功能也随之不断地扩展和完善,逐步成长为三大数学软件之一(其他两种数学软件为 Mathematica 和 Maple).可以用于算法开发、数据可视化、数据分析以及数值计算,主要包括 MATLAB 和 Simulink 两大部分,目前的最新版本是 2016b 版.

MATLAB 软件拥有接近 Windows 标准界面的用户界面,具有极强的人机交互性能,操作既简单又方便.通过其界面可以清晰地看到它所集成的一系列工具.这些工具包括 MATLAB 桌面和命令窗口、历史命令窗口、编辑器和调试器、路径搜索、联机查询、帮助系统等,其中许多工具也同样采用了图形用户界面,为用户使用 MATLAB 的函数和文件提供了极大的方便.尤其是在帮助系统方面,MATLAB 软件开发者所做的工作可谓完善至极.

MATLAB 具有极其强大的数学运算功能,它集成了 600 多个工程技术与科学研究等方面常用的数学运算函数,能够处理初等数学运算、三角函数运算、符号运算、矩阵运算、线性方程组的求解、微分方程及偏微分方程(组)的求解、傅里叶变换和数据的统计分析、工程中的优化问题、稀疏矩阵运算、复数的各种运算、多维数组操作以及建模动态仿真等人们可能遇到的绝大多数数学运算问题.

MATLAB 软件在数据可视化方面具有非常出色的表现,它能够将向量和矩阵等极其抽象的数学对象用图形表现出来,并且可以对图形进行标注和打印.同时还能够根据需求绘制出各种二维图形、三维图形以及动画图像,并对图像作出处理,为科学计算和工程绘图提供了极大的便利,深受各领域人员的青睐.

MATLAB 软件拥有一套完善的编程语言.这是一种高级的矩阵/阵列语言,语法特点与当今最流行的 C++语言相类似,既具有面向对象编程特点,又具有数学表达式的书写格式,而且简单易懂,便于科研人员使用.用户可以在命令窗口中将输入语句与执行命令同步,也可以先编写好一个较大的复杂的应用程序后再一起运行.借助其调试系统,程序不必经过编译就可以直接运行,而且能够及时地报告出现的错误及进行出错原因分析.

MATLAB 软件在兼容性方面也有着不错的表现.一方面,MATLAB 编程语言在移植性和拓展性方面都表现得非常好;另一方面,MATLAB 软件还在其最新版本中加入了对 JAVA、C、C++等流行的计算机编程语言的支持,可以利用其自带的编译器和 C/C++数学库和图形库,将 MATLAB 程序方便地转换为 C 或 C++代码.同时,在互联网高度发达的今天,MATLAB 还提供了顺应潮流的网页服务程序,使得用户在 Web 应用中使用 MATLAB 数学和图形程序成为了可能.

如今,MATLAB 的应用已经被推广到了数学所能涉及的各个领域,MATLAB 对许多专门的领域都开发了功能强大的模块集和工具箱,可以直接使用 MATLAB 模块集和工具箱所提供的工具处理诸如数据采集、概率统计、优化算法、神经网络、数字信号处理、图像处理、小波分析、系统辨识、控制系统设计、鲁棒控制、模糊逻辑、金融分析、交流通信、工程规划等各种问题.

3.5.2　合作对策问题的 MATLAB 求解

在具体实践中,人们经常会遇到这一类型问题:当有 n 个人从事某项经济活动,对于他们之中若干人组合的每一种合作,都会得到一定的经济效益,当人们之间的利益具有非对抗性时,合作中人数的增加不会引起效益的减少,这样,n 人的合作将带来最大效益.这类型问题称为 n 人合作对策问题.Shapley L. S.对这一问题进行了深入研究,并给出了解决该问题的一种方法.

设有集合 $I = \{1, 2, \cdots, n\}$,如果对于 I 的任一子集 s 都对应着一个实值函数 $\chi(s)$,使得 $\chi(\varnothing) = 0$,且

$$\chi(s_1 \bigcup s_2) \geqslant \chi(s_1) + \chi(s_2)((s_1 \bigcap s_2) = \varnothing),$$

则称 $[I, \chi]$ 为 n 人合作对策,χ 为对策的特征函数.用 u_i 表示 I 的成员 i 从合作的最大效益 $\chi(I)$ 中应得到的一份收入,并将 I 中所有成员应得的收入表示成向量 $\boldsymbol{u} = (u_1, u_2, \cdots, u_n)$.如果 u_i 满足

$$\sum_{i=1}^{n} u_i = \chi(I),$$

$$u_i \geqslant \chi(i) \, (i = 1, 2, \cdots, n),$$

则 n 维向量 $\boldsymbol{u}$ 称为合作对策的分配.再令

$$\varphi(\chi) = \sum_{s \in s_i} \xi(|s|)[\chi(s) - \chi(s \backslash i)] \quad (i = 1, 2, \cdots, n),$$

$$\xi(|s|) = \frac{(n - |s|)!(|s| - 1)!}{n!},$$

其中 s_i 是 I 中包含 i 的所有子集，$|s|$ 是子集 s 中的元素数目（人数），$\xi(|s|)$ 是加权因子，$s \backslash i$ 表示 s 去掉 i 后的集合. 则称

$$\boldsymbol{\Phi}(\chi) = (\varphi_1(\chi), \varphi_2(\chi), \cdots, \varphi_n(\chi))$$

为 Shapley 值. 分析表明，Shapley 值是分配达到最大效益的一种方案. Shapley 值在处理合作对策的分配问题时具有公正、合理等方面的优点，但由于合作者的获利即特征函数的复杂性，导致 Shapley 值的计算过程十分烦琐，故而往往需要利用计算机编程来求得. 这里根据 Shapley 值的计算方法来编写 MATLAB 程序，运行该程序时，只需输入 n 人合作对策的特征函数，便可立即得到 Shapley 值，即得到效益的最合理分配方案. 下面来看一个具体案例.

例 3.5.1 城市污水处理是关系市民生活质量的重要因素. 假设在某地有三个城市，上游城市 C_1 和中游城市 C_2 相距 20km，中游城市 C_2 与下游城市 C_3 相距 38km. 三个城市的污水需处理后才能达到排放标准. 三个城市既可以单独建立污水处理厂，也可以联合建厂，用管道将污水从上游城市向下游城市输送集中处理. 建立污水处理厂的费用为 $P_1 = 73Q^{0.712}$（单位：万元），铺设管道费用为 $P_2 = 0.66Q^{0.51}L$（单位：万元），其中 Q 表示污水排放量（单位：t/s），L 表示管道长度（单位：km）. 已知三个城市污水量为 $Q_1 = 5, Q_2 = 3, Q_3 = 5$. 试从节约总投资的角度为三个城市制订污水处理方案. 如果联合建厂，各城市如何分担建厂费用？

解：这显然是一个合作对策问题，根据合作对策问题的定义和求解公式编写求相应 Shapley 值的通用 MATLAB 程序（文件名为 Shapley.m），具体程序如下.

```
function f=shapley(v,n)
x=zeros(1,n);
f=x;
```

```
e=ones(1,n);
s=0;
t=s;
while 1
  k=1;
  while x(k)==1
    p=feval(v,x);
    if s==1
      w=1;
    else
      if s=t
        w=w*t/(n-t);
      else if s < t
        w=w*(n-s)/s;
      end
    end
    f=f+w*x*p;
    if s < n
      f=f-w*s/(n-s)*(e-x)*p;
    end
    t=s;
    x(k)=0;
    s=t-1;
    if k==n
      f=f/n;
      return;
    end
    k=k+1;
  end
  x(k)=1;
```

```
    s=t+1;
end
```

要利用上述程序求得题设问题的 Shapley 值,还必须给出该问题的特征函数.通过分析并加以简单计算可知,三个城市建污水处理厂的方案有如下五种:

(1)三个城市分别建厂,投资为 $C(1) = 230, C(2) = 160, C(3) = 230$,总投资为 $D_1 = 620$;

(2)城市 C_1 与城市 C_2 合作,在 C_2 城市建厂,投资为 $C(1,2) = 350$,总投资为 $D_2 = 580$;

(3)城市 C_2 与城市 C_3 合作,在 C_2 城市建厂,投资为 $C(2,3) = 365$,总投资为 $D_3 = 595$;

(4)城市 C_1 与城市 C_3 合作,在 C_3 城市建厂,投资为 $C(1,3) = 463$,总投资为 $D_4 = 623$;

(5)三镇合作,在 C_3 城市建厂,总投资为 $D_5 = 556$.

显然,上述建厂方案中三城市合作建厂费用最小,因此应选择联合建厂的方案.为了促成三城市联合建厂以节约总投资,合理地分担总费用的方案是前提,Shapley 值方法圆满地解决了这个分配问题.把分担的费用转化为分配效益,将联合建厂比单独建厂节约的投资定义为特征函数,编写特征函数的 MATLAB 程序(文件名为 eigen. m).

```
function v=eigen(x)
s=sum(x);
if s==0
  v=0;
  return;
end
if s==1
  v=0;
  return;
end
```

```
if x==[1,1,0]
  v=40;
  return;
end
if x==[1,0,1]
  v=0;
  return;
end
if x==[0,1,1]
  v=25;
  return;
end
if s==3
  v=64;
end
```

调用程序的命令

$$F=\text{shapley}(@\text{eigen},3),$$

按回车键即得到 Shapley 值为 $19.6667,32.1666,12.1667.$ 故而，城市 C_1,C_2,C_3 分担费用分别为

$$C(1)-F(1)=230-19.6667=210.3333(万元)，$$
$$C(2)-F(2)=160-32.1666=127.8334(万元)，$$
$$C(3)-F(3)=230-12.1667=217.8333(万元).$$

3.5.3　模拟退火模型的 MATLAB 实现

模拟退火算法是一种基于蒙特卡罗方法迭代求解策略的一种随机寻优算法. 早在 1953 年, Metropolis 等人已经提出了模拟退火算法的思想, 30 年后, Kirk Patrick 等人将这一思想成功地引入到了组合优化领域. 在物理学上, 退火具体是指将固体加热到足够高的温度, 使分子呈随机排列状态. 然后逐步降温使之冷却,

最后分子以低能状态排列,固体达到某种稳定状态.模拟退火算法就是基于物理学中固体物质的退火过程与一组组合优化问题的相似性而设计的一种高效算法.它从某一较高初始温度出发,伴随温度参数的不断下降,结合概率突跳特性在解空间中随机寻找目标函数的全局最优解.

这里通过一个物理过程来研究模拟退火模型的数学表达式.假设金属物体在状态 i 之下的能量为 $E(i)$,那么金属物体在温度 T 时从状态 i 进入状态 j 就遵循这样的物理规律,即若 $E(j) \leqslant E(i)$,则接受该状态被转换,若 $E(j) > E(i)$,则状态转换以概率 $\mathrm{e}^{\frac{E(i)-E(j)}{KT}}$ 被接受,其中 K 为玻耳兹曼常数,T 为金属物体温度.

由物理理论可知,金属物体在某一个特定温度下进行充分的热转换之后将达到热平衡.这时金属物体处于状态 i 的概率满足玻耳兹曼分布

$$P_T(X = i) = \frac{\mathrm{e}^{-\frac{E(i)}{KT}}}{\sum\limits_{j \in S} \mathrm{e}^{-\frac{E(j)}{KT}}},$$

其中 X 为金属物体当前状态的随机变量,S 为状态空间集合.显然,

$$\lim_{T \to \infty} \frac{\mathrm{e}^{-\frac{E(i)}{KT}}}{\sum\limits_{j \in S} \mathrm{e}^{-\frac{E(j)}{KT}}} = \frac{1}{|S|},$$

其中 $|S|$ 为集合 S 中状态的数量.

上式表明,所有状态在高温下具有相同的概率.而当温度下降时,则有

$$\lim_{T \to 0} \frac{\mathrm{e}^{-\frac{E(i)-E_{\min}}{KT}}}{\sum\limits_{j \in S} \mathrm{e}^{-\frac{E(j)-E_{\min}}{KT}}} = \lim_{T \to 0} \frac{\mathrm{e}^{-\frac{E(i)-E_{\min}}{KT}}}{\sum\limits_{j \in S_{\min}} \mathrm{e}^{-\frac{E(j)-E_{\min}}{KT}} + \sum\limits_{j \notin S_{\min}} \mathrm{e}^{-\frac{E(j)-E_{\min}}{KT}}}$$

$$= \lim_{T \to 0} \frac{\mathrm{e}^{-\frac{E(i)-E_{\min}}{KT}}}{\sum\limits_{j \in S_{\min}} \mathrm{e}^{-\frac{E(j)-E_{\min}}{KT}}} = \begin{cases} \dfrac{1}{|S_{\min}|}, & i \in S_{\min}, \\ 0, & \text{其他} \end{cases}$$

其中 $E_{\min} = \min\limits_{j \in S} E(j)$ 且 $S_{\min} = \{i \,|\, E(i) E_{\min}\}$.

上式又表明,当温度降至很低时,金属物体会以很大概率进

入最小能量状态.

上述问题可以抽象成一个寻找最小值的优化问题. 而对应的退火思想则可以抽象为模拟退火模型(模拟寻优算法).

对于一般的组合优化问题:优化函数为 $f:x \rightarrow \mathbf{R}^+$,其中 $x \in S$,它表示优化问题的一个可行解,$\mathbf{R}^+ = \{y|y \in \mathbf{R}, y \geqslant 0\}$,$S$ 表示函数的定义域. $N(x) \subseteq S$ 表示 x 的一个邻域集合. 若首先给定一个初始温度 T_0 和该优化问题的一个初始解 $x(0)$,并由 $x(0)$ 生成下一个解 $x' \in N[x(0)]$,是否接受 x' 作为一个新解 $x(1)$ 依赖于概率

$$P(x(0) \rightarrow x') = \begin{cases} 1, f(x') < f(x(0)) \\ \mathrm{e}^{-\frac{f(x')-f(x(0))}{T_0}}, 其他 \end{cases}.$$

这也就是说,如果生成的解 x' 的函数值比前一个解的函数值更小,则接受 $x(1) = x'$ 作为一个新解. 否则以概率 $\mathrm{e}^{-\frac{f(x')-f(x(0))}{T_0}}$ 接受 x' 作为一个新解.

广义上可以这样认为,对于某一个温度 T_i 和该优化问题的一个解 $x(k)$,可以生成 x'. 接受 x' 作为下一个新解 $x(k+1)$ 的概率为

$$P(x(k) \rightarrow x') = \begin{cases} 1, f(x') < f(x(k)) \\ \mathrm{e}^{-\frac{f(x')-f(x(k))}{T_0}}, 其他 \end{cases}.$$

在温度 T_i 下,经过很多次的转移之后,降低温度 T_i,得到 $T_{i+1} < T_i$. 在 T_{i+1} 下重复上述过程. 因此整个优化过程就是不断寻找新解和缓慢降温的交替过程. 最终的解是对该问题寻优的结果.

注意到在每个 T_i 下,所得到的一个新状态 $x(k+1)$ 完全依赖于前一个状态 $x(k)$,和前面的状态 $x(0), x(1), \cdots, x(k-1)$ 无关,因此这是一个马尔可夫过程. 使用马尔可夫过程对上述模拟退火的步骤进行分析,结果表明从任何一个状态 $x(k)$ 生成 x' 的概率在 $N[x(k)]$ 中是均匀分布的,且新状态 x' 被接受的概率满足上述结论,那么经过有限次的转换,在温度 T_i 下的平衡态 x_i 的分布为

$$P_i(T_i) = \frac{\mathrm{e}^{-\frac{f(x_i)}{T_i}}}{\sum_{j \in S} \mathrm{e}^{-\frac{f(x_i)}{KT}}},$$

当温度降为 0 时，x_i 的分布为

$$P_i^* = \begin{cases} \dfrac{1}{|S_{\min}|}, x_i \in S_{\min}, \\ 0, \text{其他} \end{cases}$$

并且 $\displaystyle\sum_{x_i \in S_{\min}} P_i^* = 1.$

综上所述，若温度缓慢下降，而在每个温度都有足够多次的状态转移，使之在每一个温度下达到热平衡，则找到全局最优解的概率为 1. 故而，通过模拟退火模型可以找到全局最优解.

模拟退火算法可以用于解决 NP 复杂性问题，能够避免优化过程陷入局部极小，还可以克服初值依赖性. 随着时代的发展，模拟退火算法广泛应用于自然科学、工程技术、人文与社会科学等各种领域. 并且有着广泛的发展前景，可以更好地利用它更高精度地解决实际问题.

例 3.5.2 假设我方有一个空军基地，经度和纬度为 (70,40)，我方飞机的速度为 1000km/h. 如表 3-18 所示，提供了 100 个目标的经度和纬度. 我方派一架飞机从基地出发，侦察完所有目标，再返回原来的基地. 在每一目标点的侦察时间不计，试求该架飞机所花费的时间.

表 3-18　100 个目标的经度和纬度

经度	纬度	经度	纬度	经度	纬度	经度	纬度
53.7121	15.3046	51.1758	0.0322	46.3253	28.2753	30.3313	6.9348
56.5432	21.4188	10.8198	16.2529	22.7891	23.1045	10.1584	12.4819
20.1050	15.4562	1.9451	0.2057	26.4951	22.1221	31.4847	8.9640
26.2418	18.1760	44.0356	13.5401	28.9836	25.9879	38.4722	20.1731
28.2694	29.0011	32.1910	5.8699	36.4863	29.7284	0.9718	28.1477
8.9586	24.6635	16.5618	23.6143	10.5597	15.1178	50.2111	10.2944
8.1519	9.5325	22.1075	18.5569	0.1215	18.8726	48.2077	16.8889
31.9499	17.6309	0.7732	0.4656	47.4134	23.7783	41.8671	3.5667
43.5474	3.9061	53.3524	26.7256	30.8165	13.4595	27.7133	5.0706

续表

经度	纬度	经度	纬度	经度	纬度	经度	纬度
23.9222	7.6306	51.9612	22.8511	12.7938	15.7307	4.9568	8.3669
21.5051	24.0909	15.2548	27.2111	6.2070	5.1442	49.2430	16.7044
17.1168	20.0354	34.1688	22.7571	9.4402	3.9200	11.5812	14.5677
52.1181	0.4088	9.5559	11.4219	24.4509	6.5634	26.7213	28.5667
37.5848	16.8474	35.6619	9.9333	24.4654	3.1644	0.7775	6.9576
14.4703	13.6368	19.8660	15.1224	3.1616	4.2428	18.5245	14.3598
58.6849	27.1485	39.5168	16.9371	56.5089	13.7090	52.5211	15.7957
38.4300	8.4648	51.8181	23.0159	8.9983	23.6440	50.1156	23.7816
13.7909	1.9510	34.0574	23.3960	23.0624	8.4319	19.9857	5.7902
40.8801	14.2978	58.8289	14.5229	18.6635	6.7436	52.8423	27.2880
39.9494	29.5114	47.5099	24.0664	10.1121	27.2662	28.7812	27.6659
8.0831	27.6705	9.1556	14.1304	53.7989	0.2199	33.6490	0.3980
1.3496	16.8359	49.9816	6.0828	19.3635	17.6622	36.9545	23.0265
15.7320	19.5697	11.5118	17.3884	44.0398	16.2635	39.7139	28.4203
6.9909	23.1804	38.3392	19.9950	24.6543	19.6057	36.9980	24.3992
4.1591	3.1853	40.1400	20.3030	23.9876	9.4030	41.1084	27.7149

解：该问题可以采用模拟退火模型来解决. 为了便于数学建模和编程计算, 将我方基地编号为 1, 目标依次编号为 $2, 3, \cdots$, 101, 最后我方基地再重复编号为 102. 若用 d_{ij} 表示 $i(i = 1, 2, \cdots, 102)$ 和 $j(j = 1, 2, \cdots, 102)$ 两点之间的距离, 则有距离矩阵 $\boldsymbol{D} = (d_{ij})_{102 \times 102}$. 显然 $\boldsymbol{D}$ 为实对称矩阵. 则原问题就变为寻找一个从点 1 出发, 走遍所有中间点, 到达点 102 的一个最短路线. 问题中给定的是地理坐标 (经度和纬度), 必须求两点间的实际距离. 设 A 和 B 两点的地理坐标分别为 (x_1, y_1) 和 (x_2, y_2), 过 A 和 B 两点的大圆的劣弧长即为两点的实际距离. 以地心为坐标原点 O, 以赤道平面为 xOy 平面, 以 0 度经线圈所在的平面为 xOz 平面建立三维直角坐标系. 已知地球的半径为 $R = 6370 \text{km}$, 则 A 点与 B 点的

直角坐标分别为

$$A(R\cos x_1 \cos y_1, R\sin x_1 \cos y_1, R\sin y_1),$$

$$B(R\cos x_2 \cos y_2, R\sin x_2 \cos y_2, R\sin y_2).$$

进而可得，A 点与 B 点的实际距离为

$$d = R\text{arccos}\left(\frac{OA \cdot OB}{|OA| \cdot |OB|}\right)$$

$$= R\text{arccos}[\cos(x_1 - x_2)\cos y_1 \cos y_2 + \sin y_1 \sin y_2].$$

将模拟退火模型的基本思想应用到该问题中. 解空间 S 可表示为 $\{1,2,\cdots,101,102\}$ 的所有固定起点和终点的循环排列集合，即有

$$S = \{(\chi_1,\cdots,\chi_{102}) \mid \chi_1 = 1,$$

$(\chi_2,\cdots,\chi_{101})$ 为 $\{2,\cdots,101\}$ 的循环排列，$\chi_{102} = 102\}$，其中每一个循环排列表示侦察 100 个目标的一个回路，$\chi_i = j$ 为在第 $i-1$ 次侦察目标 j，初始解可选为 $(1,2,\cdots,101,102)$，这里先使用蒙特卡罗方法求得一个较好的初始解.

目标函数应当为侦察所有目标的路径长度，要求

$$\min f(\chi_1, \chi_2, \cdots, \chi_{102}) = \sum_{i=1}^{101} \chi_i \chi_{i+1}.$$

设上一步迭代的解为

$$\chi_1 \cdots \chi_{u-1} \chi_u \chi_{u+1} \cdots \chi_{v-1} \chi_v \chi_{v+1} \cdots \chi_{w-1} \chi_w \chi_{w+1} \cdots \chi_{102},$$

则有以下两种方法得到新路径：

(1)任选序号 u,v，交换 u 与 v 之间的顺序，变成逆序，此时的新路径为

$$\chi_1 \cdots \chi_{u-1} \chi_v \chi_{u+1} \cdots \chi_{v-1} \chi_u \chi_{v+1} \cdots \chi_{w-1} \chi_w \chi_{w+1} \cdots \chi_{102};$$

(2)任选序号 u,v,w，将 u 和 v 之间的路径插到 w 之后，对应的新路径为

$$\chi_1 \cdots \chi_{u-1} \chi_{u+1} \cdots \chi_w \chi_u \cdots \chi_v \chi_{w+1} \cdots \chi_{102}.$$

对于方法(1)，路径差可表示为

$$\Delta f = (\chi_{u-1}\chi_v + \chi_u\chi_{v+1}) - (\chi_{u-1}\chi_v + \chi_v\chi_{v+1}),$$

接受该新路径的准则为

$$P = \begin{cases} 1, & \Delta f < 0 \\ e^{\frac{-\Delta f}{T}}, & \Delta f \geqslant 0 \end{cases}.$$

如果 $\Delta f < 0$，则接受新的路径；否则，以概率 $e^{\frac{-\Delta f}{T}}$ 接受新的路径．即用计算机产生一个 $[0,1]$ 区间上均匀分布的随机数 rand，若 rand $\leqslant e^{\frac{-\Delta f}{T}}$ 则接受．

选定降温系数 $\alpha = 0.999$ 和终止温度 $e = 10^{-30}$．进行降温，若上一步迭代的温度为 T，则取新的温度为 $T = \alpha T$．若达到 $T < e$，则迭代结束，输出当前状态．

显然，上述过程的运算极其复杂，手工根本不可能计算出来．这里借助 MATLAB 软件来实现，具体程序如下：

```
Clc,clear
sj0=load('sj. txt');
%加载 100 个目标的数据,数据按照表格中的位置保存在纯
文本文件 sj. txt 中
x=sj0(:,[1:2:8]);x=x(:);
y=sj0(:,[2:2:8]);y=y(:);
sj=[x y];d1=[70,40];
sj=[d1;sj;d1];sj=sj * pi/180;%角度化成弧度
d=zeros(102);%距离矩阵 d 初始化
for i=1:101
   for j=i+1:102
      d(i,j)=6370 * acos(cos(sj(i,1)−sj(j,1)) *
             cos(sj(i,2)) * cos(sj(j,2))+sin(sj(i,2)) *
             sin(sj(j,2)));
   end
end
d=d+d';
path=[];long=inf;%巡航路径及长度初始化
rand('state',sum(clock));%初始化随机数发生器
for j=1:1000 %求较好的初始解
```

```
    path0=[11+randperm(100),102];temp=0;
    for i=1:101
        temp=temp+d(path0(i),path0(i+1));
    end
    if temp < long
        path=path0;long=temp;
    end
end
e=0.1^30;L=20000;at=0.999;T=1;
for k=1:L    %退火过程
    c=2+floor(100*rand(1,2));%产生新解
    c=sort(c);c1=c(1);c2=c(2);
        %计算代价函数值的增量
    df=d(path(c1-1),path(c2))+d(path(c1),path(c2+1))-
        d(path(c1-1),path(c1))-d(path(c2),path(c2+1));
    if df < 0 %接受准则
        path=[path(1:c1-1),path(c2:-1:c1),path(c2+1:
            102)];
        long=long+df;
    else if exp(-df/T) >=rand
        path=[path(1:c1-1),path(c2:-1:c1),path(c2+1:
            102)];
        long=long+df;
    end
    T=T*at;
    if T < e
        break;
    end
end
path,long %输出巡航路径及路径长度
```

xx＝sj(path,1);yy＝sj(path,2);

plot(xx,yy,'— * ') ％画出巡航路径

运行上述程序,计算结果为 44h 左右.并且会输出如图 3-24 所示的一个巡航路径(所有可行路径之一).

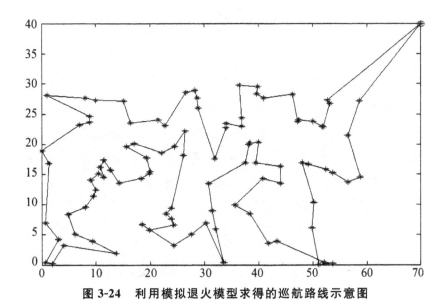

图 3-24　利用模拟退火模型求得的巡航路线示意图

第4章 其他思想方法与"无数据"
建模问题

随着科学技术的不断提高,在实际生活中常常会出现"无数据"的相关问题.本章结合建模实例,通过介绍综合评价法、模糊综合评判法及层次分析法的相关知识来解决实际问题,通过这些思想方法的阐述,更加明确地了解数学建模起源于实际,应用于实际的特点,具有鲜明的实践性.

4.1 综合评价法及建模问题

根据已知的相关信息,对被评价对象进行全面评价的方法称为综合评价法.综合评价问题一般包含若干个同类的被评价对象,且每个被评价对象往往都涉及多个指标.目的是根据系统的属性确定这些系统运行状况的优劣,并按优劣对各被评价对象进行排序或分类.综合评价主要应用于研究与多目标决策有关的评价问题,在实际中有广泛应用,特别是政治、经济、社会、军事管理、工程技术及科学等领域的决策问题.

4.1.1 综合评价的基本概念

综合评价本质上是对信息的综合利用,所以在研究综合评价问题时,最重要的是收集与评价对象有关的信息.在实际问题中存在一些相关的客观信息,综合利用这些相关信息后可以得出综合评价结果,从而为合理决策提供可靠依据.这就是综合评价的过程,同时也是一个方案的决策过程.

一个综合评价问题由五个要素组成,即评价对象、评价指标、权重系数、综合评价模型和评价者.在综合评价问题中,被评价对象之间具有一定的可比性,其个数 $n > 1$,涉及的 n 个被评价对象分别为 $s_1, s_2, \cdots, s_n (n > 1)$.

每个被评价对象都有若干项指标,这些指标可以从不同的侧面反映被评价对象的优劣程度,构成综合评价系统的指标体系.在建立问题的评价指标体系时,须遵守一定的原则.设问题共有 m 项评价指标,依次记为 $x_1, x_2, \cdots, x_m (m > 1)$,并引入指标向量 $\boldsymbol{x} = (x_1, x_2, \cdots, x_m)$.

在实际问题中,根据评价目的的不同,各项评价指标间的相对重要程度也不同,通常用权重系数来体现.若用 w_i 来表示第 i 项指标 x_i 的权重系数,则

$$w_i \geqslant 0 (i = 1, 2, \cdots, m),\text{且} w_1 + w_2 + \cdots + w_m = 1.$$

在被评价对象和评价指标确定后,评价结果将完全依赖于权重系数,其合理与否体现出综合评价结果的正确性和可信度.因此,权重系数的确定应按一定的方法和原则来完成.

根据被评价对象的评价指标值和权重系数,可以用适当的数学方法将多项评价指标值综合为一个整体性综合评价指标值.用于合成整体性综合评价指标的表达式称为综合评价模型.综合评价模型是根据评价的目的及被评价对象的特点来选择的.

设 n 个被评价对象 $s_1, s_2, \cdots, s_n (n > 1)$ 对应的 m 项评价指标的指标值为

$$\boldsymbol{x}_i = (x_{i1}, x_{i2}, \cdots, x_{im})(i = 1, 2, \cdots, n),$$

权重系数向量为

$$\boldsymbol{w} = (w_1, w_2, \cdots, w_m),$$

若综合评价模型为 $y = f(\boldsymbol{w}, \boldsymbol{x})$,则 n 个被评价对象的综合评价指标值分别为

$$y_i = f(\boldsymbol{w}, \boldsymbol{x}_i)(i = 1, 2, \cdots, n).$$

根据综合评价指标值 $y_1, y_2, \cdots, y_n$ 的大小，可将被评价对象依次进行排序作为决策的依据.

在明确评价目的后，评价对象的评价指标体系、权重系数以及综合评价模型会受到评价者的知识、观念、意志和偏好等因素的影响.

利用综合评价法解决问题的一般步骤如下：

(1)明确综合评价法要解决的问题，确定综合评价的目的；

(2)确定被评价对象；

(3)建立评价指标体系；

(4)确定与各项评价指标相对应的权重系数；

(5)选择或构造综合评价模型；

(6)计算综合评价指标值，并做出合理决策.

综合评价的过程是一个对评价者和实际问题的相关主客观信息的综合集成的复杂过程.其一般流程如图 4-1 所示.

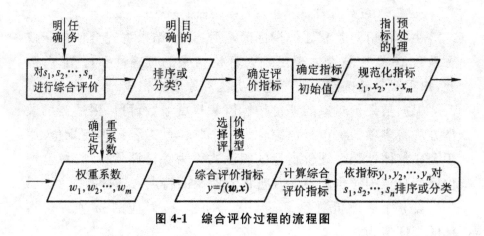

图 4-1　综合评价过程的流程图

4.1.2　综合评价的一般方法

根据综合评价的目的，针对具体被评价对象合理地建立评价指标体系，其一般原则是：尽量少地选取"主要"评价指标用于实际评价.首先将有关的指标都收集起来，然后按某种原则进行筛

选,分清主次,合理选择主要指标,忽略次要指标.常用的方法有专家调研法、最小均方差法、极小极大离差法等.详述如下:

(1)专家调研法.评价者根据综合评价的目的和实际被评价对象的特点,向专家咨询和征求意见进行调研,将意见中相对趋于集中的指标作为最后实际的评价指标,从而建立综合评价指标体系.

(2)最小均方差法.设有 n 个被评价对象,每个对象的 m 项评价指标的指标值分别为

$$\boldsymbol{x}_i = (x_{i1}, x_{i2}, \cdots, x_{im})(i = 1, 2, \cdots, n).$$

如果所有被评价对象的某项指标的取值接近,那么对于 n 个被评价对象的评价结果所起的作用会很小.因此,在评价过程中将这样的指标删掉以实现最小均方差:

①求第 j 项指标的平均值

$$\bar{x}_j = \frac{1}{n} \sum_{i=1}^{n} x_{ij} \, (j = 1, 2, \cdots, m);$$

②求第 j 项指标的均方差

$$s_j = \sqrt{\frac{1}{n} \sum_{i=1}^{n} (x_{ij} - \bar{x}_j)^2} \, (j = 1, 2, \cdots, m);$$

③求最小的均方差

$$s_{j_0} = \min\{s_1, s_2, \cdots, s_m\} (1 \leqslant j_0 \leqslant m);$$

④如果 $s_{j_0} \approx 0$,则可将第 j_0 个指标 x_{j_0} 删掉,接着继续筛选;否则筛选工作结束,即得到最后的评价指标体系.

(3)极小极大离差法.对 n 个被评价对象的 m 项评价指标的指标观测值

$$\boldsymbol{x}_i = (x_{i1}, x_{i2}, \cdots, x_{im})(i = 1, 2, \cdots, n),$$

做相应的计算如下:

①求第 j 项指标的最大离差

$$d_j = \max_{1 \leqslant i, k \leqslant n} \{|x_{ij} - x_{kj}|\} (j = 1, 2, \cdots, m);$$

②求最小的离差

$$d_{j_0} = \min\{d_1, d_2, \cdots, d_m\} (1 \leqslant j_0 \leqslant m);$$

③如果 $d_{j_0} \approx 0$,则可将第 j_0 个指标 x_{j_0} 删掉,接着继续筛选;否则筛选工作结束,即得到最后的评价指标体系.

4.1.3　综合评价数学模型的建立

综合评价实际上就是利用数学模型将多个评价指标综合为一个整体性综合评价指标的过程.现对于 n 个被评价对象,其 m 项评价指标的指标值分别为

$$x_i = (x_{i1}, x_{i2}, \cdots, x_{im})(i = 1, 2, \cdots, n),$$

相应的权重系数向量为

$$w = (w_1, w_2, \cdots, w_m),$$

构造综合评价函数 $y = f(w, x)$,即为综合评价的数学模型.常用的方法有以下两种:

(1)线性加权综合法将线性模型 $y = \sum\limits_{j=1}^{m} w_j x_j$ 作为综合评价模型,使各评价指标间的作用得到线性补偿,保证公平性.同时,权重系数对评价结果的影响明显,当预先给定权重系数时,评价结果对于各被评价对象间的差异影响不大,便于推广使用.

(2)非线性加权综合法应用非线性模型 $y = \prod\limits_{j=1}^{m} x_j^{w_j}$ 作为综合评价模型,突出各被评价对象指标值的一致性,可以平衡评价指标值中的较小指标影响的作用,权重系数大小差别的影响作用不是特别明显,而对指标值大小差异的影响相对较敏感,其相对于线性加法计算而言较为复杂.

4.1.4　动态加权综合评价方法

在上述的综合加权评价方法中,权重系数 $w_j(j = 1, 2, \cdots, m)$ 都是确定的常数,这种方法主观性较强,有时不能为决策提供有效的依据,对于某些更一般性的综合评价问题将无能为力,因此,在这里提出一种动态加权综合评价方法.

1. 动态加权综合评价问题

设有 n 个被评价对象 $s_1, s_2, \cdots, s_n (n > 1)$，每个对象的 m 个评价指标为

$$x_1, x_2, \cdots, x_m (m > 1),$$

将指标 x_j 分为 K 个等级

$$p_1, p_2, \cdots, p_K (K > 1).$$

等级 p_k 的区间范围为

$$[a_k^{(j)}, b_k^{(j)}) \text{且} a_k^{(j)} < b_k^{(j)} (j = 1, 2, \cdots, m; k = 1, 2, \cdots, K),$$

即当 $x_j \in [a_k^{(j)}, b_k^{(j)})$ 时，指标 x_j 属于第 k 类 $p_k (1 \leqslant k \leqslant K)$. 现根据各评价对象的指标值 $\boldsymbol{x}_i = (x_{i1}, x_{i2}, \cdots, x_{im}) (i = 1, 2, \cdots, n)$ 对 n 个被评价对象做出综合评价.

2. 动态加权综合评价的一般方法

根据问题的实际背景和综合评价的一般原则，利用动态加权综合评价法建立数学模型的过程分为三步：首先，将各评价指标作标准化处理；然后，根据各属性的特性构造动态加权函数；最后，构建问题的综合评价模型，并做出评价.

在实际问题中，需要根据不同情况把不同的指标统一为无量纲的标准化指标，常见的处理方法是针对极大型、中间型、极小型这三种类型的指标的.

对极大型指标 x_j 作标准化处理时，先通过倒数变换

$$x_j' = \frac{1}{x_j}$$

将数据指标极小化，被评价对象的指标值变为 $\{x_{ij}'\} (i = 1, 2, \cdots, n)$，此为极小型指标. 然后令

$$x_j'' = \frac{x_j' - m_j'}{M_j' - m_j'} (1 \leqslant j \leqslant m), \tag{4-1-1}$$

作极差变换将极小型数据标准化，式中 $m_j = \min\limits_{1 \leqslant i \leqslant n} \{x_{ij}\}, M_j = \max\limits_{1 \leqslant i \leqslant n} \{x_{ij}\}$. 相应的指标值变为无量纲的标准化指标 $\{x_{ij}''\} \in$

$[0,1]$，分类区间 $[a_k^{(j)}, b_k^{(j)})$ 发生变化，仍记为 $[a_k^{(j)}, b_k^{(j)})(j = 1, 2, \cdots, m; k = 1, 2, \cdots, K)$.

如果中间型指标 x_j 是关于均值对称的，则用变换

$$x_j' = \frac{|x_j - \bar{x}_j|}{\bar{x}_j} (1 \leqslant j \leqslant m), \qquad (4\text{-}1\text{-}2)$$

其中 $\bar{x}_j = \dfrac{1}{2}(M_j - m_j)$，$m_j = \min\limits_{1 \leqslant i \leqslant n}\{x_{ij}\}$，$M_j = \max\limits_{1 \leqslant i \leqslant n}\{x_{ij}\}$. 否则，取某一个理想值 $x_j^{(0)} \in (m_j, M_j)$，令

$$x_j' = \frac{|x_j - x_j^{(0)}|}{\bar{x}_j} (1 \leqslant j \leqslant m),$$

相应的指标值变为 $\{x_{ij}'\} \in [0,1]$，分类区间仍记为 $[a_k^{(j)}, b_k^{(j)})$，其中 $j = 1, 2, \cdots, m; k = 1, 2, \cdots, K$.

对极小型指标 x_j 作标准化处理时，通过极差变换

$$x_j' = \frac{x_j - m_j}{M_j - m_j} (1 \leqslant j \leqslant m) \qquad (4\text{-}1\text{-}3)$$

将其数据标准化，其中 $m_j = \min\limits_{1 \leqslant i \leqslant n}\{x_{ij}\}$，$M_j = \max\limits_{1 \leqslant i \leqslant n}\{x_{ij}\}$，相应的指标值变为无量纲的标准化指标 $\{x_{ij}'\} \in [0,1]$，分类区间 $[a_k^{(j)}, b_k^{(j)})$ 相应变化，仍记为 $[a_k^{(j)}, b_k^{(j)})(j = 1, 2, \cdots, m; k = 1, 2, \cdots, K)$.

在确定动态加权函数时，需先对实际问题进行分析，然后以实际指标对综合评价结果影响的变化特征为依据. 不同的评价指标，其加权函数可以相同也可以不同.

如果评价指标 x_j 对综合评价结果的影响随着等级 $p_k(1 \leqslant k \leqslant K)$ 的增加按正幂次增加，同时在某一类中随指标值的增加按相应的幂函数规律增加，则动态加权函数可设定为分段变幂函数. 即

$$w_j(x) = x^{\frac{1}{k}}, x \in [a_k^{(j)}, b_k^{(j)})(j = 1, 2, \cdots, m; k = 1, 2, \cdots, K).$$

$$(4\text{-}1\text{-}4)$$

当 $K = 6$ 时，动态加权函数的图形如图 4-2 所示.

如果指标 x_j 对于综合评价结果的影响随着等级 $p_k(1 \leqslant k \leqslant K)$ 的增加先缓慢增加，再快速增长，而后平缓增加趋于最大值，那么，对评价指标 x_j 的动态加权函数可以设定为偏大型正态

分布函数. 即

$$w_j(x) = \begin{cases} 0 \ (x \leqslant \alpha_j), \\ 1 - e^{-\left(\frac{x-\alpha_j}{\sigma_j}\right)^2} \ (x > \alpha_j), \end{cases} \tag{4-1-5}$$

其中参数 α_j 可取区间 $[a_1^{(j)}, b_1^{(j)})$ 中的某个定值,不妨取中点 $\alpha_j = \frac{1}{2}(b_1^{(j)} - a_1^{(j)})$,$\sigma_j$ 由 $w_j(a_K^{(j)}) = 0.9 \ (1 \leqslant j \leqslant m)$ 确定,则其加权函数的示意图如图 4-3 所示.

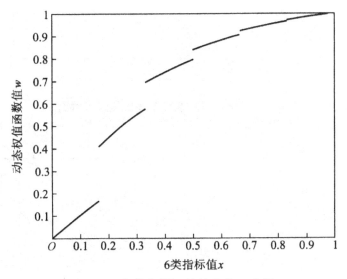

图 4-2　分段变幂函数的曲线示意图

　　如果某项指标 x_j 对于综合评价结果的影响是随着等级 $p_k \ (1 \leqslant k \leqslant K)$ 的增加而呈一条"S"形曲线增加的,那么,指标 x_j 的动态加权函数可以设定为 S 形分布函数,即有

$$w_j(x) = \begin{cases} 2\left(\dfrac{x - a_1^{(j)}}{b_K^{(j)} - a_1^{(j)}}\right)^2 \ (a_1^{(j)} \leqslant x \leqslant c), \\ 1 - 2\left(\dfrac{x - b_K^{(j)}}{b_K^{(j)} - a_1^{(j)}}\right)^2 \ (c \leqslant x \leqslant b_K^{(j)}), \end{cases} \tag{4-1-6}$$

其中,参数 $c = \frac{1}{2}(b_K^{(j)} + a_1^{(j)})$,且 $w_j(c) = 0.5 \ (1 \leqslant j \leqslant m)$. 当 $K = 6$ 时,加权函数示意图如图 4-4 所示.

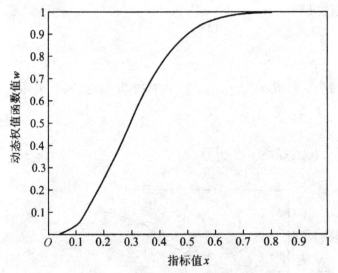

图 4-3　偏大型正态分布加权函数示意图

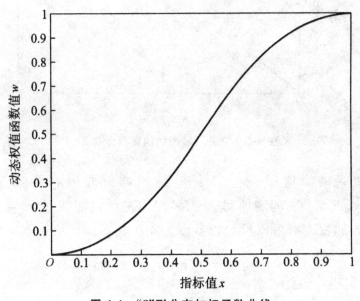

图 4-4　"S"形分布加权函数曲线

　　根据标准化后的各评价指标值 x_j 及相应的动态加权函数 $w_j(x)(j=1,2,\cdots,m)$，可对 n 个被评价对象做出综合评价从而建立综合评价模型. 取综合评价模型为各评价指标的动态加权

和,即

$$X = \sum_{j=1}^{m} w_j(x_j) x_j. \tag{4-1-7}$$

每个被评价对象 s_i 的 m 个指标都有已做标准化处理的 N 组样本观测值 $\{x_{ij}^{(k)}\}(j=1,2,\cdots,m;k=1,2,\cdots,N;1 \leqslant i \leqslant n)$,代入综合评价模型 $X = \sum_{j=1}^{m} w_j(x_j) x_j$ 计算知,每一被评价对象都有 N 个综合评价指标值 $X_i(k)(i=1,2,\cdots,n;k=1,2,\cdots,N)$.因此,按综合指标值的大小顺序,给出 n 个被评价对象的 N 个排序方案.综合 N 个排序结果,利用简单的 Borda 函数方法就可以确定出 n 个被评价对象的一个总排序方案.具体方法如下:

①计算在第 k 个排序方案中,排在第 i 个被评价对象 s_i 后面的对象个数,记为 $B_k(s_i)$;

②计算在 N 个排序方案中,排在第 i 个被评价对象 s_i 后面的对象总个数,记为 $B(s_i)$,即为第 i 个被评价对象 s_i 的 Borda 数:

$$B(s_i) = \sum_{k=1}^{N} B_k(s_i)(i=1,2,\cdots,n). \tag{4-1-8}$$

③依据式(4-1-8)的计算结果,将 Borda 数按大小排列,可得 n 个被评价对象的综合评价结果,即被评价对象的总排序方案.

4.1.5 长江水质的综合评价问题

1.问题的提出

对于长江水质的综合评价问题,给出 17 个观测站(城市)最近 28 个月的实际检测反映水质污染程度的指标数据,包括以下四项指标:溶解氧(DO)、高锰酸盐指数(COD_{Mn})、氨氮(NH_3—N)和 pH.现通过分析四种污染指标的检测数据,综合评价城市的水质状况.

根据国标 GB 3838—2002 的规定,地表水的水质可分为 Ⅰ 类、Ⅱ 类、Ⅲ 类、Ⅳ 类、Ⅴ 类、劣 Ⅴ 类六类,见表 4-1.在实际问题中,不同类别的水质有很大的差别,而且同一类别的水在污染物的含量上也有一定的差别.

在对 17 个城市的水质做综合评价时,不仅要考虑不同类的"质的差异",而且要考虑同类别水的"量的差异",因此,这是一个较复杂的含有多项因素的综合评价问题,在解决这类问题时应用动态加权综合评价方法.

表 4-1　《地表水环境质量标准》(GB 3838—2002)中 4 个项目标准

	Ⅰ类	Ⅱ类	Ⅲ类	Ⅳ类	Ⅴ类	劣Ⅴ类
溶解氧(DO)≥	7.5	6	5	3	2	0
高锰酸盐指数(COD_{Mn})≤	2	4	6	10	15	∞
氨氮(NH_3—N)≤	0.15	0.5	1.0	1.5	2.0	∞
pH(酸碱度)	6～9					

假设 17 个城市为被评价对象 $s_1, s_2, \cdots, s_{17}$,四项评价指标溶解氧(DO)、高锰酸盐指数(COD_{Mn})、氨氮(NH_3—N)和 pH 分别记为 x_1, x_2, x_3 和 x_4,前三项指标的 6 个等级为 $p_1, p_2, p_3, p_4, p_5, p_6$.

2. 指标数据的标准化处理

根据问题所给的实际数据,利用动态加权综合评价法建立长江水质的综合评价模型.首先,对所给的指标数据进行统一无量纲的标准化处理,具体如下:

溶解氧(DO)为极大型指标,作倒数变换

$$x'_1 = \frac{1}{x_1},$$

将其极小化处理,对应的分类标准区间为

$$\left(0, \frac{1}{7.5}\right], \left(\frac{1}{7.5}, \frac{1}{6}\right], \left(\frac{1}{6}, \frac{1}{5}\right], \left(\frac{1}{5}, \frac{1}{3}\right], \left(\frac{1}{3}, \frac{1}{2}\right], \left(\frac{1}{2}, \infty\right)$$

根据式(4-1-2),取

$$m'_1 = 0, M'_1 = 0.5,$$

通过极差变换

$$x_1'' = \frac{x_1'}{0.5},$$

化为标准数据

$$x_{i1}^{(k)''} \in [0,1] \quad (i = 1,2,\cdots,17; k = 1,2,\cdots,28),$$

则分类区间为

$$(0,0.2667], (0.2667,0.3333], (0.3333,0.4],$$
$$(0.4,0.6667], (0.6667,1], (1,\infty).$$

　　高锰酸盐指数是极小型指标,只需作极差变换就可将其数据标准化. 根据式(4-1-1),取

$$m_2 = 0, M_2 = 15,$$

即作极差变换

$$x_2' = \frac{x_2}{15},$$

则标准化为

$$x_{i2}^{(k)'} \in [0,1] \quad (i = 1,2,\cdots,17; k = 1,2,\cdots,28),$$

对应的分类区间为

$$(0,0.1333], (0.1333,0.2667], (0.2667,0.4],$$
$$(0.4,0.6667], (0.6667,1], (1,\infty).$$

　　氨氮也是极小型指标,可作极差变换将其数据标准化,根据式(4-1-1),取

$$m_3 = 0, M_3 = 2,$$

即作极差变换

$$x_3' = \frac{x_3}{2},$$

则标准化为

$$x_{i3}^{(k)'} \in [0,1] \quad (i = 1,2,\cdots,17; k = 1,2,\cdots,28),$$

对应的分类区间为

$$(0,0.075], (0.075,0.25], (0.25,0.5],$$
$$(0.5,0.75], (0.75,1], (1,\infty).$$

　　pH 的大小反映水质酸碱性的程度,通常情况下水生物适应

于中性略偏碱水质,取酸碱度的中值 7.5.当 pH<7.5 时水质偏酸性,pH>7.5 时偏碱性,如果酸碱度偏离中值较远,水质差,即 pH 属于中间型指标.因此,需对 pH 指标数据作均值差处理,根据式(4-1-3),取 $c=1.5$,即令

$$x'_4 = \frac{|x_4 - 7.5|}{1.5} = \frac{2}{3}|x_4 - 7.5|,$$

则数据标准化为

$$x_{i4}^{(k)'} \in [0,1] \quad (i=1,2,\cdots,17;k=1,2,\cdots,28).$$

3.动态加权函数的确定

在长江水质的综合评价问题中,通过分析溶解氧、高锰酸盐指数和氨氮这三项指标的变化关于水质的作用,可以得到三项指标的变化规律性.可取动态加权函数为偏大型正态分布函数,即由式(4-1-5)得

$$w_j(x) = \begin{cases} 0, x \leqslant \alpha_j \\ 1 - e^{-(\frac{x-\alpha_j}{\sigma_j})^2}, x > \alpha_j \end{cases}, \tag{4-1-9}$$

其中 α_j 取指标 x_j 的 I 类水标准区间的中值,即

$$\alpha_j = \frac{1}{2}(b_1^{(j)} - a_1^{(j)}),$$

σ_j 由 $w_j(a_4^{(j)}) = 0.9(j=1,2,3)$ 确定.

根据实际数据计算得

$$\alpha_1 = 0.1333, \alpha_2 = 0.0667, \alpha_3 = 0.0375,$$

$$\sigma_1 = 0.1757, \sigma_2 = 0.2197, \sigma_3 = 0.3048,$$

代入式(4-1-9)后可以得到 DO,COD_{Mn} 和 $NH_3—N$ 的动态加权函数解析式.

4.综合评价指标函数的确定

在问题所给的四个污染指标中,前三项指标对综合评价结果的影响较大,且指标 pH 具有特殊性,可取前三项指标的权重为0.8,而指标 pH 的权重取 0.2.根据模型(4-1-7),可得某城市水质的综合评价指标为

$$X = 0.8 \sum_{i=1}^{3} w_i(x_i)x_i + 0.2x_4.$$

根据实际检测数据计算,可以得到各城市的水质综合评价指标值,即综合评价矩阵 $(X_{ij})_{17 \times 28}$.

5.各城市水质的综合评价

对于计算得到的水质综合评价指标 $X_{ij}(i = 1,2,\cdots,17;j = 1,2,\cdots,28)$,其大小反映水质污染的程度,如果根据数值的大小进行排序,则数值越大,水质越差,从而得到 28 个排序结果,由模型(4-1-8),可得第 i 个城市 s_i 的 Borda 数为

$$B(s_i) = \sum_{j=1}^{28} B_j(s_i) \quad (i = 1,2,\cdots,17).$$

经计算可得到各城市的 Borda 数及总排序结果,见表 4-2.

表 4-2　水质污染总排序结果

	s_1	s_2	s_3	s_4	s_5	s_6	s_7	s_8	s_9	s_{10}	s_{11}	s_{12}	s_{13}	s_{14}	s_{15}	s_{16}	s_{17}
Borda 数	203	136	143	234	106	139	138	378	232	271	60	357	277	264	438	214	217
总排序	11	15	12	7	16	13	14	2	8	5	17	3	4	6	1	10	9

由表 4-2 可以看出水质污染状况,城市 s_{15} 水质最差,其次是城市 s_8,第三位的是城市 s_{12}.干流水质最差的是 s_4,水质最好的是 s_6.支流水质最好的是 s_{11}.

4.2　模糊综合评判法及建模问题

4.2.1　模糊数学的基本概念

模糊数学是研究和处理实际生活中涉及的模糊现象的一种数学方法.在社会实践中,模糊概念广泛存在.随着科学技术的不

断发展,各领域对与模糊概念有关的实际问题都需给出定量的分析,因此,找到研究和处理这些模糊概念或现象的数学方法显得尤为重要.

模糊数学是继经典数学、统计数学之后发展起来的一个新的现代应用数学学科.统计数学将数学的应用范围从确定性的领域扩大到不确定性的领域,而模糊数学则把数学的应用范围从确定领域扩大到模糊领域.模糊数学主要研究既具有不确定性又具有模糊性的量的变化规律.

1. 模糊集与隶属函数

设 U 为论域,则 U 的所有子集组成的集合称为 U 的幂集,记作 $F(U)$. 如: $U = \{a,b,c\}$,则 $F(U) = \{\varnothing, \{a\}, \{b\}, \{c\}, \{a,b\}, \{a,c\}, \{b,c\}, \{a,b,c\}\}$. 为了与模糊集相区别,将通常的集合称为普通集.对于论域 U 中的元素 $x \in U$ 和子集 $A \subset U$,有 $x \in A$ 或 $x \notin A$,二者有且仅有一个成立.于是,对于子集 A 定义映射

$$\mu_A:U \to \{0,1\}, \text{即 } \mu_A(x) = \begin{cases} 1, x \in A \\ 0, x \notin A \end{cases}$$

此为集合 A 的特征函数,A 可由特征函数唯一确定.

如果对任意 $x \in U$ 总以某个程度 $\mu_A (\mu_A \in [0,1])$ 属于 A,而非 $x \in A$ 或 $x \notin A$,那么 A 为论域 U 上的模糊集.将普通集的特征函数的概念推广到模糊集,即为模糊集的隶属函数.

设非空集合 U 是一个论域,由映射

$$\mu_A:U \to [0,1], x \mapsto \mu_A \in [0,1]$$

可确定模糊集 A,μ_A 为模糊集 A 的隶属函数,$\mu_A(x)$ 为 x 对模糊集 A 的隶属度.使 $\mu_A(x) = 0.5$ 的点 x_0 称为模糊集 A 的过渡点,即模糊性最大的点.

一个确定的论域 U 可有许多个不同的模糊集,记 U 上的模糊集全体为 $F(U)$,即

$$F(U) = \{A | \mu_A:U \to [0,1]\}$$

则 $F(U)$ 为论域 U 上的模糊幂集,显然 $F(U)$ 是一个普通集合,且

$U \subseteq F(U)$.

A 是有限论域 $U = \{x_1, x_2, \cdots, x_n\}$ 上的任一个模糊集,其隶属度为 $\mu_A(x_i)(i = 1, 2, \cdots, n)$,则模糊集的表示形式有如下几种:

(1)Zadeh 表示法:

$$A = \sum_{i=1}^{n} \frac{\mu_A(x_i)}{x_i} = \frac{\mu_A(x_1)}{x_1} + \frac{\mu_A(x_2)}{x_2} + \cdots + \frac{\mu_A(x_n)}{x_n},$$

式中,"$\dfrac{\mu_A(x_i)}{x_i}$"不是分数,"$+$"不是加号,只表示点 x_i 对模糊集 A 的隶属度是 $\mu_A(x_i)$.

(2)序偶表示法:

$$A = \{(x_1, \mu_A(x_1)), (x_2, \mu_A(x_2)), \cdots, (x_n, \mu_A(x_n))\}.$$

(3)向量表示法:

$$\mathbf{A} = (\mu_A(x_1), \mu_A(x_2), \cdots, \mu_A(x_n)).$$

对于论域 U 为无限集的情况,U 上的模糊集 A 可以表示为

$$A = \int_U \frac{\mu_A(x)}{x},$$

这里"$\int$"不是积分号,"$\dfrac{\mu_A(x)}{x}$"不是分数.

设模糊集 $A, B \in F(U)$ 的隶属函数为 $\mu_A(x), \mu_B(x)$. 对任意 $x \in U$,若有 $\mu_A(x) \geqslant \mu_B(x)$,则称 A 包含 B,记为 $B \subseteq A$;若 $B \subseteq A$ 且 $A \subseteq B$,则称 A 与 B 相等,记为 $A = B$.

设模糊集 $A, B \in F(U)$ 的隶属函数为 $\mu_A(x), \mu_B(x)$,称 $A \bigcup B$ 和 $A \bigcap B$ 为 A 与 B 的并集和交集;称 A^c 为 A 的补集或余集. 它们的隶属函数分别为

$$\mu_{A \cup B}(x) = \mu_A(x) \vee \mu_B(x) = \max(\mu_A(x), \mu_B(x)),$$
$$\mu_{A \cap B}(x) = \mu_A(x) \wedge \mu_B(x) = \min(\mu_A(x), \mu_B(x)),$$
$$\mu_{A^c} = 1 - \mu_A(x),$$

式中,"$\vee$"表示取大算子,"$\wedge$"表示取小算子. 模糊集的并和交运算可以推广到任意有限的情况,满足普通集的交换律、结合律、分配律等运算.

2.隶属函数的确定方法

模糊数学的本质是隶属程度,利用模糊数学方法建立数学模型的关键是建立符合实际情况的隶属函数.以下为两种常用的确定隶属函数的方法.

在模糊统计试验的基础上,根据隶属度的客观存在性确定隶属函数的方法称为模糊统计方法,是一种客观方法.模糊统计试验包含论域 U、U 中的一个固定元素 x_0、U 中的一个随机变动的集合 A^* 以及 U 中的一个以 A^* 作为弹性边界的模糊集 A 四个要素,其中 A 对 A^* 的变动起制约作用,$x_0 \in A^*$ 或 $x_0 \notin A^*$ 致使 x_0 对 A 的隶属关系不确定.假设做 n 次模糊统计试验,可计算出

$$x_0 \text{ 对 } A \text{ 的隶属频率} = \frac{n_0}{n},$$

其中 n_0 为 $x_0 \in A^*$ 的次数.隶属频率随着 n 的不断增大而趋于稳定,稳定值称为 x_0 对 A 的隶属度,即

$$\mu_A(x_0) = \lim_{n \to \infty} \frac{n_0}{n}.$$

指派方法主要依据实践经验来确定某些模糊集隶属函数,是一种主观方法.模糊集定义在实数域 **R** 上时,其隶属函数称为模糊分布.指派方法就是先根据问题的相关性质主观地选用某些形式的模糊分布,再依据实际测量数据确定其中所包含的参数.常用的模糊分布见表 4-3.

在实际问题中,可以根据对研究对象的描述来选择适当的模糊分布.偏小型模糊分布一般适合于描述偏向小的程度的模糊现象,偏大型模糊分布一般适合于描述偏向大的程度的模糊现象,而中间型模糊分布一般适合于描述处于中间状态的模糊现象.但是,这样给出的隶属函数是近似的,使用时需结合实际问题进行分析,逐步地修改完善,从而得到近似程度较好的隶属函数.

表 4-3　常用的模糊分布

	偏小型	中间型	偏大型
矩形分布	$\mu_A(x) = \begin{cases} 1, & x \le a \\ 0, & x > a \end{cases}$	$\mu_A(x) = \begin{cases} 1, & a \le x \le b \\ 0, & x < a \text{ 或 } x > b \end{cases}$	$\mu_A(x) = \begin{cases} 1, & x \ge a \\ 0, & x < a \end{cases}$
梯形分布	$\mu_A(x) = \begin{cases} 1, & x < a \\ \dfrac{b-x}{b-a}, & a \le x \le b \\ 0, & x > b \end{cases}$	$\mu_A(x) = \begin{cases} \dfrac{x-a}{b-a}, & a \le x < b \\ 1, & b \le x < c \\ \dfrac{d-x}{d-c}, & c \le x < d \\ 0, & x < a, x \ge d \end{cases}$	$\mu_A(x) = \begin{cases} 0, & x < a \\ \dfrac{x-a}{b-a}, & a \le x \le b \\ 1, & x > b \end{cases}$
正态分布	$\mu_A(x) = \begin{cases} 1, & x \le a \\ e^{-\left(\frac{x-a}{\sigma}\right)^2}, & x > a \end{cases}$	$\mu_A(x) = e^{-\left(\frac{x-a}{\sigma}\right)^2}$	$\mu_A(x) = \begin{cases} 0, & x \le a \\ e^{-\left(\frac{x-a}{\sigma}\right)^2}, & x > a \end{cases}$
k 次抛物型分布	$\mu_A(x) = \begin{cases} 1, & x < a \\ \left(\dfrac{b-x}{b-a}\right)^k, & a \le x \le b \\ 0, & x > b \end{cases}$	$\mu_A(x) = \begin{cases} \left(\dfrac{x-a}{b-a}\right)^k, & a \le x < b \\ 1, & b \le x < c \\ \left(\dfrac{d-x}{d-c}\right)^k, & c \le x < d \\ 0, & x < a, x \ge d \end{cases}$	$\mu_A(x) = \begin{cases} 0, & x < a \\ \left(\dfrac{x-a}{b-a}\right)^k, & a \le x \le b \\ 1, & x > b \end{cases}$

续表

	偏小型	中间型	偏大型
Γ型分布	$\mu_A(x) = \begin{cases} 1, & x < a \\ e^{-k(x-a)}, & x \geq a \end{cases}$ $(k > 0)$	$\mu_A(x) = \begin{cases} e^{k(x-a)}, & x < a \\ 1, & a \leq x < b \\ e^{-k(x-b)}, & x \geq b \end{cases}$ $(k > 0)$	$\mu_A(x) = \begin{cases} 0, & x < a \\ 1 - e^{-k(x-a)}, & x \geq a \end{cases}$ $(k > 0)$
柯西型分布	$\mu_A(x) = \begin{cases} 1, & x \leq a \\ \dfrac{1}{1+\alpha(x-a)^\beta}, & x > a \end{cases}$ $(\alpha > 0, \beta > 0)$	$\mu_A(x) = \dfrac{1}{1+\alpha(x-a)^\beta}$ $(\alpha > 0, \beta > 0\ \text{且为偶数})$	$\mu_A(x) = \begin{cases} 1, & x \leq a \\ \dfrac{1}{1+\alpha(x-a)^{-\beta}}, & x > a \end{cases}$ $(\alpha > 0, \beta > 0)$

4.2.2　模糊关系与模糊矩阵

1. 模糊关系与模糊矩阵的概念

设有两个论域 U,V,将乘积空间 $U \times V$ 上的一个模糊子集 $\underset{\sim}{R} \in F(U \times V)$ 称为从 U 到 V 的模糊关系. 如果 R 的隶属函数为

$$\mu_{\underset{\sim}{R}}:U \times V \rightarrow [0,1],(x,y) \mapsto \mu_{\underset{\sim}{R}}(x,y),$$

则称隶属度 $\mu_{\underset{\sim}{R}}(x,y)$ 为 (x,y) 关于模糊关系 R 的相关程度.

由于模糊关系是 $U \times V$ 上的模糊子集,所以模糊关系具有与模糊集相同的运算及性质.

令 $U = \{x_1,x_2,\cdots,x_m\}$,$V = \{y_1,y_2,\cdots,y_n\}$,$\underset{\sim}{R}$ 是由 U 到 V 的模糊关系,隶属函数为 $\mu_{\underset{\sim}{R}}(x,y)$,对任意的 $(x_i,y_j) \in U \times V$ 有 $\mu_{\underset{\sim}{R}}(x_i,y_j) = r_{ij} \in [0,1]$,其中 $i = 1,2,\cdots,m$;$j = 1,2,\cdots,n$,记 $\boldsymbol{R} = (r_{ij})_{m \times n}$,那么 $\boldsymbol{R}$ 就是模糊矩阵.

设矩阵 $\boldsymbol{R} = (r_{ij})_{m \times n}$,且 $r_{ij} \in [0,1](i = 1,2,\cdots,m;j = 1,2,\cdots,n)$,则 $\boldsymbol{R}$ 称为模糊矩阵.

如果 $\boldsymbol{R}$ 中的元素 $r_{ij} \in \{0,1\}(i = 1,2,\cdots,m;j = 1,2,\cdots,n)$,则称 $\boldsymbol{R}$ 为布尔矩阵.

当 $m = 1$ 或 $n = 1$ 时,模糊矩阵为 $\boldsymbol{R} = (r_1,r_2,\cdots,r_n)$ 或 $\boldsymbol{R} = (r_1,r_2,\cdots,r_m)^{\mathrm{T}}$,即模糊行向量和模糊列向量.

2. 模糊等价与模糊相似

若模糊关系 $\underset{\sim}{R} \in F(U \times V)$ 满足三个条件:

(1) 自反性,即 $\mu_{\underset{\sim}{R}}(x,x) = 1$;

(2) 对称性,即 $\mu_{\underset{\sim}{R}}(x,y) = \mu_{\underset{\sim}{R}}(y,x)$;

(3) 传递性,即 $\underset{\sim}{R} \cdot \underset{\sim}{R} \subseteq \underset{\sim}{R}$,

称 $\underset{\sim}{R}$ 为 U 上的一个模糊等价关系,其隶属度函数 $\mu_{\underset{\sim}{R}}(x,y)$ 表示 (x,y) 的相关程度.

论域 $U = \{x_1, x_2, \cdots, x_n\}$ 上的模糊等价关系可表示为 $n \times n$ 阶模糊等价矩阵 $\boldsymbol{R} = (r_{ij})_{n \times n}$.

设论域 $U = \{x_1, x_2, \cdots, x_n\}$，$\boldsymbol{I}$ 为单位矩阵，模糊矩阵 $\boldsymbol{R} = (r_{ij})_{n \times n}$ 满足条件：

(1) 自反性，即 $\boldsymbol{I} \leqslant \boldsymbol{R}$；

(2) 对称性，即 $\boldsymbol{R}^{\mathrm{T}} = \boldsymbol{R}$；

(3) 传递性，即 $\boldsymbol{R} \cdot \boldsymbol{R} \leqslant \boldsymbol{R}$.

则称 $\boldsymbol{R}$ 为模糊等价矩阵.

建立模糊等价关系或模糊等价矩阵是困难的，主要是由于条件中的传递性难以满足. 而对于满足自反性和对称性的模糊关系 $\underset{\sim}{R}$ 与模糊矩阵 $\boldsymbol{R}$，可称为模糊相似关系与模糊相似矩阵.

3. λ 截矩阵与传递矩阵

$\boldsymbol{R} = (r_{ij})_{m \times n}$ 为模糊矩阵，对任意的 $\lambda \in [0, 1]$，有如下定义：

(1) 若元素

$$r_{ij}(\lambda) = \begin{cases} 1 & r_{ij} \geqslant \lambda \\ 0 & r_{ij} < \lambda \end{cases} \begin{bmatrix} i = 1, 2, \cdots, m; \\ j = 1, 2, \cdots, n \end{bmatrix},$$

则 $\boldsymbol{R}_\lambda = (r_{ij}(\lambda))_{m \times n}$ 为 $\boldsymbol{R}$ 的 λ 截矩阵.

(2) 若元素

$$r_{ij}(\lambda) = \begin{cases} 1 & r_{ij} > \lambda \\ 0 & r_{ij} \leqslant \lambda \end{cases} \begin{bmatrix} i = 1, 2, \cdots, m; \\ j = 1, 2, \cdots, n \end{bmatrix},$$

则 $\boldsymbol{R}_\lambda = (r_{ij}(\lambda))_{m \times n}$ 为 $\boldsymbol{R}$ 的 λ 强截矩阵.

对任意的 $\lambda \in [0, 1]$ 而言，λ 截矩阵是布尔矩阵.

设 $\boldsymbol{R}$ 是 $n \times n$ 阶的模糊矩阵，如果满足

$$\boldsymbol{R} \cdot \boldsymbol{R} = \boldsymbol{R}^2 \leqslant \boldsymbol{R},$$

则称 $\boldsymbol{R}$ 为模糊传递矩阵. $\boldsymbol{R}$ 的最小模糊传递矩阵记为 $t(\boldsymbol{R})$.

对于任意模糊矩阵 $\boldsymbol{R} = (r_{ij})_{n \times n}$，有 $t(\boldsymbol{R}) = \bigcup_{k=1}^{n} \boldsymbol{R}^k$. 特别地，当 $\boldsymbol{R}$ 为模糊相似矩阵时，一定存在一个最小的自然数 $k(k \leqslant n)$，使得 $t(\boldsymbol{R}) = \boldsymbol{R}^k$ 成立，且对任意自然数 $l > k$，都有 $\boldsymbol{R}^l = \boldsymbol{R}^k$ 成立，那

么 $t(\boldsymbol{R})$ 一定为模糊等价矩阵.

4.2.3　模糊综合评判法

模糊综合评判法是模糊决策中常用到的一种模糊数学方法.在实际生活中,常需要对一个事物做出评价,且评价过程中可能涉及多个因素或指标,此时就要求根据这些因素对事物做出综合评价,即综合评判.综合评判可对受多个因素影响的事物做出全面的评价,所以又将模糊综合评判称为模糊综合决策或模糊多元决策.常用的评判方法有总评分法和加权评分法,如图 4-5所示.

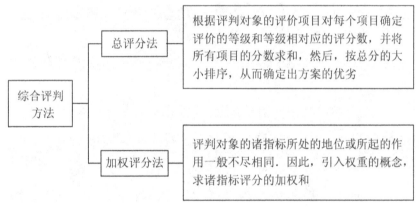

图 4-5　综合评判方法分类

1.模糊综合评判问题的提出

设 $U = \{u_1, u_2, \cdots, u_n\}$ 为研究对象的 n 项指标的指标集,$V = \{v_1, v_2, \cdots, v_m\}$ 为诸指标的 m 种评判所构成的评判集,两集合的元素个数和名称根据实际问题的需要确定.在实际问题中,涉及的指标集和评判集都是模糊的,因此,模糊综合评判应该是 V 上的一个模糊子集

$$\boldsymbol{B} = (b_1, b_2, \cdots, b_m) \in F(V),$$

其中 b_k 为评判 v_k 对模糊子集 $\boldsymbol{B}$ 的隶属度：$\mu_B(v_k) = b_k(k = 1,$ $2, \cdots, m)$，反映第 k 种评判 v_k 在综合评价中所起的作用．综合评判 $\boldsymbol{B}$ 是 U 上的模糊子集 $\boldsymbol{A} = (a_1, a_2, \cdots, a_n) \in F(U)$，且 $\sum\limits_{i=1}^{n} a_i = 1$，其中 a_i 表示第 i 种指标的权重，其决定于各指标的权重，当权重 $\boldsymbol{A}$ 给定，相应地就可以确定一个综合评判 $\boldsymbol{B}$．

2. 模糊综合评判的一般步骤

一般地，模糊综合评判的步骤可以归纳如下：

（1）确定被评判对象的各指标组成的指标集 $U = \{u_1, u_2, \cdots, u_n\}$；

（2）确定评判组成的评判集 $V = \{v_1, v_2, \cdots, v_m\}$；

（3）确定模糊评判矩阵 $\boldsymbol{R} = (r_{ij})_{n \times m}$；

对指标 u_i 做评判 $f(u_i)(i = 1, 2, \cdots, n)$，可以得 U 到 V 的一个模糊映射，为

$$f : U \to F(U), u_i \mapsto f(u_i) = (r_{i1}, r_{i2}, \cdots, r_{im}) \in F(V),$$

由模糊映射 f 诱导出模糊关系 $R_f \in F(U \times V)$，即

$$R_f(u_i, v_j) = f(u_i)(v_j) = r_{ij}(i = 1, 2, \cdots, n; j = 1, 2, \cdots, m),$$

从而可以确定出模糊评判矩阵 $\boldsymbol{R} = (r_{ij})_{n \times m}$．称 $(U, V, \boldsymbol{R})$ 为模糊综合评判模型，其中 $U, V, \boldsymbol{R}$ 为模型的三要素．

（4）综合评判．对于权重

$$\boldsymbol{A} = (a_1, a_2, \cdots, a_n) \in F(U),$$

用模型 $M(\wedge, \vee)$ 作运算，可得综合评判

$$\boldsymbol{B} = \boldsymbol{A} \cdot \boldsymbol{R}.$$

确定评判集 V 的权重 $\boldsymbol{A} = (a_1, a_2, \cdots, a_n)$ 在综合评判中起重要作用，通常情况下可由决策人根据已有的经验给出，但这往往具有一定的主观性．若要由实际出发，或者需要更客观地反映实际情况时，可采用专家评估法、频数统计法和加权统计法，或是具有一般性的模糊协调决策法、模糊关系法来确定．

3.综合评判模型的构成

由于各指标的地位未必相等,所以需对各指标加权,用 U 上的模糊集 $\boldsymbol{A} = (a_1, a_2, \cdots, a_n)$ 表示各指标的权重分配,将它与评判矩阵 $\boldsymbol{R}$ 进行合成,即得到模糊综合评判集,采用最大隶属度原则对各指标进行综合评判.根据合成运算的不同可以得出如下四种综合评判模型:

模型 $M(\vee, \wedge)$.采用运算

$$\boldsymbol{A} \cdot \boldsymbol{R} = (b_1, b_2, \cdots, b_n),$$

其中 $\boldsymbol{A} = (a_1, a_2, \cdots, a_n), \sum_{i=1}^{n} a_i = 1, a_i \geqslant 0, \boldsymbol{R} = (r_{ij})_{n \times m}, r_{ij} \in [0, 1], b_j = \bigvee_{i=1}^{n} (a_i \wedge r_{ij}) (j = 1, 2, \cdots, m)$,这里 b_j 是 $(r_{i1}, r_{i2}, \cdots, r_{im})$ 的函数,即为评判函数.这种方法利用取小、取大两种运算,故称该模型为 $M(\vee, \wedge)$ 模型,这是一种"主因素突出法"的模糊综合评判方法.由于权重系数的作用体现较弱,有时会导致评价结果的不理想,这时需要将 a_i 进行修正并进行归一化处理.

$M(\cdot, \vee)$ 模型.采用两种运算,即普通乘法运算"·"与取大运算"$\vee$".利用此模型计算为

$$b_j = \bigvee_{i=1}^{n} (a_i \cdot r_{ij}) (j = 1, 2, \cdots, m),$$

其中乘法运算不会丢失有用的信息,而取大运算可能会丢失有用信息.该模型的优点是能够较好地反映单指标对综合评价结果的重要程度.

$M(+, \wedge)$ 模型.采用两种运算,即普通加法运算"+"与取小运算"$\wedge$".利用此模型计算为

$$b_j = \sum_{i=1}^{n} (a_i \wedge r_{ij}) (j = 1, 2, \cdots, m),$$

此模型的特点是对于每个评判 v_j 都可以同时考虑各种指标的综合评判.

$M(+, \cdot)$ 模型.采用普通加法运算"+"和乘法运算"·"两种运算,利用此模型计算为

$$b_j = \sum_{i=1}^{n} (a_i r_{ij}) \quad (j = 1, 2, \cdots, m),$$

此模型的特点是在确定评判 v_j 对模糊综合评判集的隶属度 b_j 时，考虑了所有指标 $u_i(i = 1, 2, \cdots, n)$ 的影响，所以 a_i 的大小具有刻画各指标 u_i 的重要程度的意义.

在上述各种评价模型中，运算的定义不同，所以对同一评价对象求出的评价结果也不一样. 在实际应用中，当主指标在综合中起主导作用时，可首选模型 $M(\vee, \wedge)$；当模型 $M(\vee, \wedge)$ 失效时，再选用模型 $M(\cdot, \vee)$ 和 $M(+, \wedge)$；当需要对所有因素的权重均衡时，可选用加权平均模型 $M(+, \cdot)$. 在模型的选择过程中，还需要注意满足实际问题的不同需求.

例 4.2.1（服装评判问题） 设 $U = \{$花色式样，耐穿程度，价格费用$\}$，$V = \{$很欢迎，比较欢迎，不太欢迎，不欢迎$\}$，对某一种服装进行单指标评价.

解：单独考虑花色式样，若有 70% 的人很欢迎，有 20% 的人比较欢迎，10% 的人不太欢迎便可得出花色式样的数值：

$$花色式样 \mapsto (0.7, 0.2, 0.1, 0).$$

同样地，可以得到耐穿程度和价格费用的数值：

$$耐穿程度 \mapsto (0.2, 0.3, 0.4, 0.1),$$
$$价格费用 \mapsto (0.3, 0.4, 0.2, 0.1).$$

将上述的单指标评判组成评判矩阵，可以得到

$$\boldsymbol{R} = \begin{bmatrix} 0.7 & 0.2 & 0.1 & 0 \\ 0.2 & 0.3 & 0.4 & 0.1 \\ 0.3 & 0.4 & 0.2 & 0.1 \end{bmatrix}.$$

由于需求的不同，顾客对服装的三要素所给予的权重也不同. 设某类顾客所给的权重为 $\boldsymbol{A} = (0.5, 0.3, 0.2)$，采用模型 $M(+, \cdot)$ 可得此类顾客对这类服装的综合评判为

$$\boldsymbol{B} = \boldsymbol{A} \cdot \boldsymbol{R} = (0.47, 0.27, 0.21, 0.05).$$

它表示评价是"很欢迎"的程度为 47%；"比较欢迎"的程度为 27%；"不太欢迎"的程度为 21%；"不欢迎"的程度为 5%. 按最大

隶属原则,结论是"很欢迎".

这个结果是归一化的.如果采用模型 $M(\vee,\wedge)$ 的"$\vee$","$\wedge$"运算,得出的综合评判结果不一定是归一化的,此时需对结果进行归一化处理.

4. 多层次模糊综合评判

在实际中,许多问题涉及的因素有很多,各因素的权重分配较为均衡,此时,很难合理地确定权重分配,就需要将诸多指标按层次划分后进行研究.对于具体问题,先对单层次的各指标进行评判,然后再对所有的层次指标作综合评判.针对两个层次的情况有如下具体方法:

(1)将指标集 $U = \{u_1, u_2, \cdots, u_n\}$ 分为若干个组 $U_1, U_2, \cdots,$ $U_k (1 \leqslant k \leqslant n)$ 使得 $U = \bigcup_{i=1}^{k} U_i$ 且 $U_i \bigcap U_j = \varnothing (i \neq j)$,称 $U = \{U_1, U_2, \cdots, U_k\}$ 为一级指标集.现设 $U_i = \{u_1^{(i)}, u_2^{(i)}, \cdots, u_{n_i}^{(i)}\} (i = 1, 2, \cdots, k; \sum_{i=1}^{k} n_i = n)$ 为二级指标集.

(2) 评判集 $V = \{v_1, v_2, \cdots, v_m\}$ 对二级指标集 $U_i = \{u_1^{(i)},$ $u_2^{(i)}, \cdots, u_{n_i}^{(i)}\}$ 的 n_i 个因素进行单指标评判,建立模糊映射

$f: U_i \to F(V), u_j^{(i)} \mapsto f_i(u_j^{(i)}) = (r_{j1}^{(i)}, r_{j2}^{(i)}, \cdots, r_{jm}^{(i)}) (j = 1, 2, \cdots, n_i).$

可得到评判矩阵

$$R_i = \begin{bmatrix} r_{11}^{(i)} & r_{11}^{(i)} & \cdots & r_{11}^{(i)} \\ r_{11}^{(i)} & r_{11}^{(i)} & \cdots & r_{11}^{(i)} \\ \vdots & \vdots & & \vdots \\ r_{11}^{(i)} & r_{11}^{(i)} & \cdots & r_{11}^{(i)} \end{bmatrix}.$$

设 $U_i = \{u_1^{(i)}, u_2^{(i)}, \cdots, u_{n_i}^{(i)}\}$ 的权重为 $A_i = (a_1^{(i)}, a_2^{(i)}, \cdots, a_{n_i}^{(i)})$,从而可以求得综合评判为

$$B_i = A_i \cdot R_i = (b_1^{(i)}, b_2^{(i)}, \cdots, b_m^{(i)}) (i = 1, 2, \cdots, k),$$

其中 $b_j^{(i)}$ 由模型 $M(\vee,\wedge)$ 或 $M(\cdot,\wedge)$、$M(+,\wedge)$、$M(\cdot,+)$ 确定.

(3) 对一级指标集 $U = \{U_1, U_2, \cdots, U_k\}$ 作综合评判,设其权

重 $A = (a_1, a_2, \cdots, a_k)$，总评判矩阵为 $R = (B_1, B_2, \cdots, B_k)^{\mathrm{T}}$．按模型 $M(\vee, \wedge)$ 或 $M(\cdot, \wedge)$、$M(+, \wedge)$、$M(\cdot, +)$ 运算可以得到综合评判

$$B = A \cdot R = (b_1, b_2, \cdots, b_m) \in F(V).$$

例 4.2.2（产品质量的综合评判）　对同一个产品的质量问题作综合评判，先用单层模糊综合评判，然后用双层模糊综合评判．

解：(1) 先作单层模糊综合评判．指标集为

$$U = \{u_1, u_2, u_3, u_4, u_5, u_6, u_7, u_8, u_9\},$$

评判集为

$$V = \{v_1, v_2, v_3, v_4\},$$

其中 v_1 表示一级，v_2 表示二级，v_3 表示等外，v_4 表示废品；权重向量为

$$A = (0.1, 0.12, 0.07, 0.07, 0.16, 0.1, 0.1, 0.1, 0.18).$$

由各类专家组成的评判小组，先打分并作简单处理得到综合评判矩阵为

$$R = \begin{pmatrix} 0.36 & 0.24 & 0.13 & 0.27 \\ 0.20 & 0.32 & 0.25 & 0.23 \\ 0.40 & 0.22 & 0.26 & 0.12 \\ 0.30 & 0.28 & 0.24 & 0.18 \\ 0.26 & 0.36 & 0.12 & 0.20 \\ 0.22 & 0.42 & 0.16 & 0.10 \\ 0.38 & 0.24 & 0.08 & 0.20 \\ 0.34 & 0.25 & 0.30 & 0.11 \\ 0.24 & 0.28 & 0.30 & 0.18 \end{pmatrix}.$$

由模型 $M(\vee, \wedge)$ 计算综合评判，得

$$B = A \cdot R = (0.18, 0.18, 0.18, 0.18).$$

所得结果表示，对于一级、二级、等外、废品，隶属度都是 0.18．此时，模糊变换无法给出答案，可采用其他方法，如，加权平均，或者双层模糊综合评判．

(2) 作双层模糊综合评判．指标集为

$$U = \{U_1, U_2, U_3\},$$

$$U_1 = \{u_1, u_2, u_3\},$$
$$U_2 = \{u_4, u_5, u_6\},$$
$$U_3 = \{u_7, u_8, u_9\};$$

评判集为

$$V = \{v_1, v_2, v_3, v_4\},$$

其中 v_1 表示一级, v_2 表示二级, v_3 表示等外, v_4 表示废品; 则第一层权重向量为

$$\boldsymbol{A}_1 = (0.30, 0.42, 0.28),$$
$$\boldsymbol{A}_2 = (0.20, 0.50, 0.30),$$
$$\boldsymbol{A}_3 = (0.30, 0.30, 0.40).$$

可得第一层的三个评判矩阵为

$$\boldsymbol{R}_1 = \begin{bmatrix} 0.36 & 0.24 & 0.13 & 0.27 \\ 0.20 & 0.32 & 0.25 & 0.23 \\ 0.40 & 0.22 & 0.26 & 0.12 \end{bmatrix},$$

$$\boldsymbol{R}_2 = \begin{bmatrix} 0.30 & 0.28 & 0.24 & 0.18 \\ 0.26 & 0.36 & 0.12 & 0.20 \\ 0.22 & 0.42 & 0.16 & 0.10 \end{bmatrix},$$

$$\boldsymbol{R}_3 = \begin{bmatrix} 0.38 & 0.24 & 0.08 & 0.20 \\ 0.34 & 0.25 & 0.30 & 0.11 \\ 0.40 & 0.28 & 0.30 & 0.18 \end{bmatrix}.$$

对于第一层评判, 由模型 $M(\vee, \wedge)$, 得

$$\boldsymbol{B}_1 = \boldsymbol{A}_1 \cdot \boldsymbol{R}_1 = (0.30, 0.32, 0.26, 0.27),$$
$$\boldsymbol{B}_2 = \boldsymbol{A}_2 \cdot \boldsymbol{R}_2 = (0.26, 0.36, 0.20, 0.20),$$
$$\boldsymbol{B}_3 = \boldsymbol{A}_3 \cdot \boldsymbol{R}_3 = (0.40, 0.28, 0.30, 0.20).$$

现将第一层评判结果组合形成二级评判矩阵, 即

$$\boldsymbol{R} = \begin{bmatrix} \boldsymbol{B}_1 \\ \boldsymbol{B}_2 \\ \boldsymbol{B}_3 \end{bmatrix} = \begin{bmatrix} 0.30 & 0.32 & 0.26 & 0.27 \\ 0.26 & 0.36 & 0.20 & 0.20 \\ 0.40 & 0.28 & 0.30 & 0.20 \end{bmatrix}.$$

指标集 $U = \{U_1, U_2, U_3\}$ 的权重分配为 $\boldsymbol{A} = (0.20, 0.35, 0.45)$.

对于第二层评判, 由模型 $M(\vee, \wedge)$, 得

$$B = A \cdot R = (0.40, 0.35, 0.3, 0.3),$$

按照最大隶属度原则,该产品为一等品.

4.2.4 大学生综合素质测评的模糊综合评判问题

1.问题提出

每个学期各学校都要评价学生的综合素质,排列出学生的综合排名,并作为选优的重要依据.但是现在很多学校的测评方法有很多不足之处,尤其是对于一些定性指标的评测,如思想素质等,存在标准不一的问题.通过系统分析大学生的综合素质要求,建立起与之相对应的指标体系,并由此给出大学生综合素质的科学评价模型,此模型可以为大学生的综合素质测评提供一个容易实现和应用的方法,较符合实际.

2.模型假设

大学生综合测评系统是以学生在校的各方面表现为指标进行的综合评判问题,准确进行这种评判的关键是设计一套合理的指标体系.为了简单说明模糊评判在数学建模中的应用,我们只从思想素质、实践创新能力、身心素质和学习能力四个主要方面来建立指标体系.设测评体系如下:

(1)思想素质为

$$A_1 = (政治修养 \ a_{11}, 品德修养 \ a_{12});$$

(2)实践创新能力为

$$A_2 = (实践能力 \ a_{21}, 创新精神 \ a_{22}, 特长技能 \ a_{23}, 组织协调能力 \ a_{24});$$

(3)身心素质为

$$A_3 = (身体素质 \ a_{31}, 心理健康 \ a_{32}, 人际交往能力 \ a_{33});$$

(4)学习能力 A_4 为定量指标,是对学生整个学期的课程分数的统计.

3. 模型建立

评价模型分为两个部分,其中的定性指标采用模糊综合评判的方法,定量指标采用计算课程的 z 标准分方法.

(1)对于定性指标的模糊综合评判,具体步骤为:

①确定各个指标的权重,通常情况下采用的确定方法是决策者凭经验给出权重. 先由各个专家分别给出各指标的权重,再取各因素的平均值作为该指标的权重,这种方法既利用了专家的经验,又能够使失真的可能性减少到最低,且非常简单. 现设经专家调查法得到的权重为:

a. 思想素质(0.174):政治修养(0.476)、品德修养(0.524);

b. 实际创新能力(0.176):实践能力(0.278)、创新能力(0.262)、特长技能(0.202)、组织协调能力(0.258);

c. 身心素质(0.135):身体素质(0.221)、心理健康(0.453)、人际交往能力(0.326).

②作定性指标的模糊综合评判,先将每一个评价指标分为优、良好、中等、及格、差五个等级,每个等级的分值为 90,80,70,60,50;假设测评采用老师和同学评测结合的方法,且赋予老师一定的权重,如老师的权重为 5,统计出被测评学生的各个指标在大类中所占的比重,见表 4-4. 可由给出的权重以及评测表中的数据得到定性指标的评判矩阵为

$$A_1 = (0.476, 0.524),$$

$$A_2 = (0.278, 0.262, 0.202, 0.258),$$

$$A_3 = (0.221, 0.453, 0.326),$$

$$R_1 = \begin{bmatrix} 0.026 & 0.648 & 0.238 & 0.062 & 0.026 \\ 0.236 & 0.587 & 0.104 & 0.075 & 0.008 \end{bmatrix},$$

$$R_2 = \begin{bmatrix} 0.236 & 0.415 & 0.211 & 0.087 & 0.024 \\ 0.147 & 0.357 & 0.479 & 0.012 & 0.005 \\ 0.477 & 0.345 & 0.114 & 0.046 & 0.018 \\ 0.137 & 0.225 & 0.439 & 0.158 & 0.041 \end{bmatrix},$$

$$\boldsymbol{R}_3 = \begin{pmatrix} 0.374 & 0.557 & 0.042 & 0.027 & 0 \\ 0.268 & 0.486 & 0.213 & 0.022 & 0.011 \\ 0.257 & 0.364 & 0.326 & 0.037 & 0.016 \end{pmatrix}.$$

一级模糊综合评判为

$$\boldsymbol{B}_1 = \boldsymbol{A}_1 \cdot \boldsymbol{R}_1 = (0.723, 0.616, 0.168, 0.059, 0.017),$$

$$\boldsymbol{B}_2 = \boldsymbol{A}_2 \cdot \boldsymbol{R}_2 = (0.243, 0.337, 0.32, 0.077, 0.022),$$

$$\boldsymbol{B}_3 = \boldsymbol{A}_3 \cdot \boldsymbol{R}_3 = (0.288, 0.462, 0.212, 0.026, 0.01),$$

将得到的 $\boldsymbol{B}_1, \boldsymbol{B}_2, \boldsymbol{B}_3$ 作为上一层的评判矩阵 $\boldsymbol{R}^*$，同时作模糊变换，则二级模糊综合评判为

$$\boldsymbol{A} = (0.174 \quad 0.176 \quad 0.135), \boldsymbol{R}^* = \begin{bmatrix} B_1 \\ B_2 \\ B_3 \end{bmatrix},$$

于是有

$$\boldsymbol{B} = \boldsymbol{A} \cdot \boldsymbol{R}^* = (0.207 \quad 0.229 \quad 0.114 \quad 0.027 \quad 0.008).$$

根据前面确定的分数值，计算该学生的定性指标得分，为

$$C_1 = 0.207 \times 90 + 0.229 \times 80 + 0.114 \times 70 + 0.027 \times 60 + 0.008 \times 50$$
$$= 46.95.$$

表 4-4　指标占分值的比重

指标	A_1		A_2				A_3		
	a_{11}	a_{12}	a_{21}	a_{22}	a_{23}	a_{24}	a_{31}	a_{32}	a_{33}
优秀	0.026	0.236	0.263	0.147	0.477	0.137	0.374	0.268	0.257
良好	0.648	0.587	0.415	0.357	0.345	0.225	0.557	0.486	0.364
中等	0.238	0.104	0.211	0.479	0.114	0.439	0.042	0.213	0.326
及格	0.062	0.075	0.087	0.012	0.046	0.158	0.027	0.022	0.037
差	0.026	0.008	0.024	0.005	0.018	0.041	0	0.011	0.016

(2)定量指标的标准分法. 由于各个学校设置的课程不一样，评卷的过程以及每一门课程得到的学分不尽相同，所以直接利用原始分数来进行比较没有意义. 因此，对于定量指标的评判，可以采用标准分方法，以便使不同学校以及同学校的不同专业学生间

能够互相比较.

先计算该学生某门课程的 z 标准分,即

$$z = \frac{X - \overline{X}}{S},$$

其中,X 为课程的原始分; $\overline{X}$ 为所有学生的平均分; S 为课程的标准差.

再计算所有课程的 z 标准分的加权平均分,即

$$\overline{z} = \frac{\sum\limits_{i=1}^{n} z_i t_i}{\sum\limits_{i=1}^{n} t_i},$$

其中,t_i 为第 i 门课程的学分.

然后计算该学生的标准分,即

$$标准分 = m\overline{z} + C,$$

其中,m 和 C 为常数,m 为不小于标准差 S 的整数,$C \geqslant 4m$.

这样计算的结果能够缩小两级差,使不同学生间的比较更有公平性,具有现实意义.

4. 模型应用

根据对大学生综合素质中的定量和定性指标的评判方法,可将两部分结合起来应用于实际问题,如,用加权和的方法等对某一大学生的综合素质进行评判时,可用公式

综合测评总得分＝定性指标模糊综合评判得分＋
　　　　　　　　定量指标的标准分×定量指标权重.

学校可以根据公式对学生的测评成绩进行排序从而确定排名,其结果为对大学生的综合素质的评价最终得分.

利用定量指标和定性指标相结合的方法对学生的综合素质进行测评,建立相应的指标体系,通过计算得到较为合理的测评结果,模型更具有公平性.随着社会的进步,指标体系将不断地更新和完善,使得测评的结果更加科学、合理.

4.3 层次分析法及建模问题

4.3.1 层次分析法的基本原理与步骤

层次分析法是一种定性和定量相结合的分析方法. 将半定性半定量的问题转化为定量问题, 使思维过程层次化. 逐层比较多种关联因素可为分析、决策、预测或控制事物的发展提供定量依据. 对于难以用定量方法进行分析的复杂问题, 层次分析法可提供一种较为实用的方法.

层次分析法解决问题的基本思想与对多层次、多因素、复杂的决策问题的思维过程基本一致, 即作分层比较, 综合优化. 其解决问题的基本步骤如图 4-6 所示.

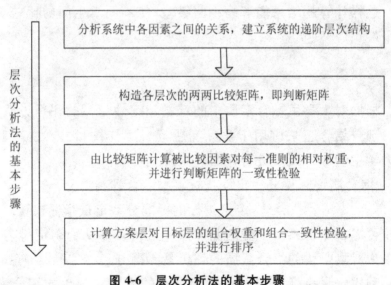

图 4-6 层次分析法的基本步骤

1. 层次结构图

在利用层次分析法研究具体问题时, 先将与问题有关的各种因素层次化,然后构造树状结构的层次结构模型,此模型称为层次结构图.一般地,层次结构图分为三层,如图 4-7 所示.

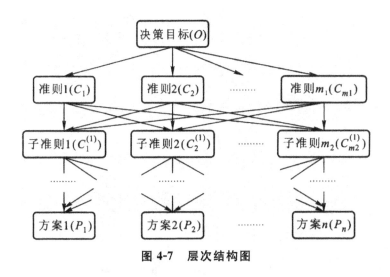

图 4-7　层次结构图

在图中可以看出,最高层的目标层(O)为问题的决策目标,只有一个元素;中间层的准则层(C)包括目标涉及的中间环节的各个因素,其中的每一个因素就是一个准则;最低层的方案层(P)是指可供选择的各措施.

一般情况下,各层次间的各因素有的相关联,有的不一定相关联,而且各层次的因素个数也未必相同.在实际中,主要根据问题的性质和各相关因素的类别来确定这些因素.

2.构造判断矩阵

层次结构反映因素间的相互关系,而准则层中的各准则在目标中的比重不一定相同,所以,常通过比较同一层次上的各因素对上一层相关因素的影响作用来构造判断矩阵.在比较时,可采用相对尺度标准度量,这样可以尽可能地避免比较不同性质的因素产生的影响.同时,要依据实际问题中的具体情况,减少由决策人主观因素对结果造成的影响.

要比较 n 个因素 $C_1,C_2,\cdots,C_n$ 对上一层(如目标层)O 的影响程度,即确定因素在 O 中的比重.对于任意的 C_i 和 C_j,可用 a_{ij} 表示 C_i 和 C_j 对 O 的影响程度之比,如果按照 $1\sim 9$ 的比例标度来度量 $a_{ij}(i,j=1,2,\cdots,n)$,标度值的含义见表 4-5.最终可得到两两成对的比较矩阵 $\boldsymbol{A}=(a_{ij})_{n\times n}$,又称为判断矩阵,显然有

$$a_{ij}>0,a_{ji}=\frac{1}{a_{ij}},a_{ii}=1(i,j=1,2,\cdots,n).$$

因此,可将判断矩阵称为正互反矩阵.

表 4-5　比例标度值

标度 a_{ij}	含义
1	两因素影响相同
3	前者比后者影响稍强
5	前者比后者影响强
7	前者比后者影响明显强
9	前者比后者影响绝对强
$2,4,6,8$	在相邻等级之间
倒数	影响为互反

根据正互反矩阵的性质,当确定 $\boldsymbol{A}$ 的上(或下)三角的 $\frac{n(n-1)}{2}$ 个元素后,正互反矩阵也相应确定.在特殊情况下,如果判断矩阵 $\boldsymbol{A}$ 的元素具有传递性,即

$$a_{ik}a_{kj}=a_{ij}(i,j,k=1,2,\cdots,n),$$

则称 $\boldsymbol{A}$ 为一致阵.

3.相对权重向量确定

(1)将判断矩阵 n 个列向量作归一化处理,求其算术平均值,可近似作为权重,即

$$w_i=\frac{1}{n}\sum_{j=1}^{n}\frac{a_{ij}}{\sum\limits_{k=1}^{n}a_{kj}}(i=1,2,\cdots,n).$$

（2）将 A 的各列向量求几何平均值后归一化处理，近似作为权重，即

$$w_i = \frac{\left(\prod\limits_{j=1}^{n} a_{ij}\right)^{\frac{1}{n}}}{\sum\limits_{k=1}^{n} \left(\prod\limits_{j=1}^{n} a_{kj}\right)^{\frac{1}{n}}} \quad (i = 1, 2, \cdots, n).$$

（3）设想将 Z 分为 n 部分 $c_1, c_2, \cdots, c_n$，其重量分别为 $w_1, w_2, \cdots, w_n$，则将 n 部分作两两比较，记 c_i, c_j 的相对重量为 $a_{ij} = \dfrac{w_i}{w_j} (i, j = 1, 2, \cdots, n)$，可得到比较矩阵

$$A = \begin{pmatrix} \dfrac{w_1}{w_1} & \dfrac{w_1}{w_2} & \cdots & \dfrac{w_1}{w_n} \\[2mm] \dfrac{w_2}{w_1} & \dfrac{w_2}{w_2} & \cdots & \dfrac{w_2}{w_n} \\[2mm] \vdots & \vdots & & \vdots \\[2mm] \dfrac{w_n}{w_1} & \dfrac{w_n}{w_2} & \cdots & \dfrac{w_n}{w_n} \end{pmatrix}.$$

故 A 为一致性正互反矩阵，记权重向量 $W = (w_1, w_2, \cdots, w_n)^{\mathrm{T}}$，而

$$A = W\left(\frac{1}{w_1}, \frac{1}{w_2}, \cdots, \frac{1}{w_n}\right),$$

则

$$AW = W\left(\frac{1}{w_1}, \frac{1}{w_2}, \cdots, \frac{1}{w_n}\right)W = nW.$$

从而 W 为特征向量，n 为特征根.

一般地，对于判断矩阵 A 有 $AW = \lambda_{\max} W$ 成立，此时 $\lambda_{\max}(\lambda_{\max} = n)$ 为 A 的最大特征根，W 为 $\lambda_{\max}$ 对应的特征向量. 现可将 W 作归一化处理后作为 A 的权重向量.

如果 A 为一致性正互反矩阵，则：

①$\mathrm{rank}(A) = 1$；

②A 的最大特征根为 $\lambda_{\max} = n$，其余均为 0；

③若 $A = (a_{ij})_{n \times n}$ 的最大特征根 $\lambda_{\max} = n$ 对应的特征向量为

$$W = (w_1, w_2, \cdots, w_n)^{\mathrm{T}},$$

则

$$a_{ij} = \frac{w_i}{w_j} (i, j = 1, 2, \cdots, n).$$

4. 一致性检验

进行一致性检验的步骤如下：

(1) 计算一致性指标 CI，即

$$\mathrm{CI} = \frac{\lambda_{\max} - n}{n - 1}.$$

(2) 在表 4-6 中查找对应的随机一致性指标 RI，即

$$\mathrm{RI} = \frac{\lambda'_{\max} - n}{n - 1}.$$

随机从 1~9 及其倒数中抽取数字构造一正互反矩阵，求最大特征根的平均值 $\lambda'_{\max}$，可得到 500 个样本矩阵，计算 $n = 1, 2, \cdots, 9$ 时 RI 的值，见表 4-6.

表 4-6　随机一致性指标

n	1	2	3	4	5	6	7	8	9
RI	0	0	0.58	0.90	1.12	1.24	1.32	1.41	1.45

(3) 计算一致性比例 CR，即

$$\mathrm{CR} = \frac{\mathrm{CI}}{\mathrm{RI}}.$$

当 CR<0.10 时，判断矩阵的一致性可以接受，此时 $\lambda_{\max}$ 对应的特征向量可作为排序的权重向量，且

$$\lambda_{\max} \approx \sum_{i=1}^{n} \frac{(AW)_i}{n w_i} = \frac{1}{n} \sum_{i=1}^{n} \frac{\sum_{j=1}^{n} a_{ij} w_j}{w_i},$$

其中，$(AW)_i$ 表示 AW 的第 i 个分量.

5. 计算组合权重和组合一致性检验

(1) 计算组合权重向量. 设第 $k-1$ 层的 n_{k-1} 个元素对目标的

排序权重向量为

$$\boldsymbol{W}^{(k-1)} = (w_1^{(k-1)}, w_2^{(k-1)}, \cdots, w_{n_{k-1}}^{(k-1)})^{\mathrm{T}}.$$

而第 k 层的 n_k 个元素对第 $k-1$ 层的第 j 个元素的权重向量为

$$\boldsymbol{P}_j^{(k-1)} = (p_{1j}^{(k)}, p_{2j}^{(k)}, \cdots, w_{n_k j}^{(k)})^{\mathrm{T}}, j = 1, 2, \cdots, n_{k-1},$$

则矩阵

$$\boldsymbol{P}^{(k)} = (\boldsymbol{P}_1^{(k)}, \boldsymbol{P}_2^{(k)}, \cdots, \boldsymbol{P}_{n_{k-1}}^{(k)})$$

是 $n_k \times n_{k-1}$ 矩阵,表示第 k 层的元素对第 $k-1$ 层中各元素的排序权向量.那么第 k 层的元素对目标层的总排序权重向量为

$$\boldsymbol{W}^{(k)} = \boldsymbol{P}^{(k)}\boldsymbol{W}^{(k-1)} = (\boldsymbol{P}_1^{(k)}, \boldsymbol{P}_2^{(k)}, \cdots, \boldsymbol{P}_{n_{k-1}}^{(k)})\boldsymbol{W}^{(k-1)}$$
$$= (w_1^{(k)}, w_2^{(k)}, \cdots, w_{n_k}^{(k)})^{\mathrm{T}}.$$

对任意的 $k > 2$,有

$$\boldsymbol{W}^{(k)} = \boldsymbol{P}^{(k)}\boldsymbol{P}^{(k-1)}\cdots\boldsymbol{P}^{(3)}\boldsymbol{W}^{(2)} \quad (k > 2),$$

其中,$\boldsymbol{W}^{(2)}$ 为第二层的各元素对目标层的总排序向量.

(2)计算组合一致性指标.设第 k 层的一致性指标为 $\mathrm{CI}_1^{(k)}$,$\mathrm{CI}_2^{(k)}, \cdots, \mathrm{CI}_{n_{k-1}}^{(k)}$,随机一致性指标为 $\mathrm{RI}_1^{(k)}, \mathrm{RI}_2^{(k)}, \cdots, \mathrm{RI}_{n_{k-1}}^{(k)}$,于是,第 k 层中各元素对目标层的组合一致性指标为

$$\mathrm{CI}^{(k)} = (\mathrm{CI}_1^{(k)}, \mathrm{CI}_2^{(k)}, \cdots, \mathrm{CI}_{n_{k-1}}^{(k)})\boldsymbol{W}^{(k-1)},$$

组合的随机一致性指标为

$$\mathrm{RI}^{(k)} = (\mathrm{RI}_1^{(k)}, \mathrm{RI}_2^{(k)}, \cdots, \mathrm{RI}_{n_{k-1}}^{(k)})\boldsymbol{W}^{(k-1)},$$

组合的一致性比率指标为

$$\mathrm{CR}^{(k)} = \mathrm{CR}^{(k-1)} + \frac{\mathrm{CI}^{(k)}}{\mathrm{RI}^{(k)}} \quad (k \geqslant 3).$$

当 $\mathrm{CR}^{(k)} < 0.10$ 时,判断矩阵通过一致性检验.

4.3.2　选择旅游景点问题

在泰山、杭州和承德三处选择一个旅游点,考虑因素为景点的景色、居住的环境、饮食的特色、交通便利和旅游的费用.

1.建立层次结构

构建的层次结构如图 4-8 所示,分为如下三层:

(1)第一层为目标层,目标为选择的旅游景点;

(2)第二层为准则层,考虑的五个因素依次为 $C_1, C_2, \cdots, C_5$;

(3)第三层为方案层,三个选择对象为 P_1, P_2, P_3.

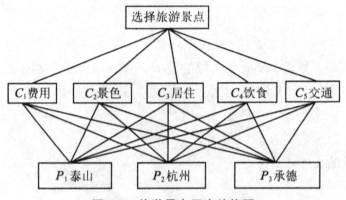

图 4-8　旅游景点层次结构图

2.因素判断矩阵

给出如下因素判断矩阵:

Z:目标,选择景点.

y:因素,决策准则:y_1 费用,y_2 景色,y_3 居住,y_4 饮食,y_5 交通.

综上,各因素对目标的判断矩阵 A 为

$$A = \begin{bmatrix} 1 & 2 & 7 & 5 & 5 \\ \dfrac{1}{2} & 1 & 4 & 3 & 3 \\ \dfrac{1}{7} & \dfrac{1}{4} & 1 & \dfrac{1}{2} & \dfrac{1}{3} \\ \dfrac{1}{5} & \dfrac{1}{3} & 2 & 1 & 1 \\ \dfrac{1}{5} & \dfrac{1}{3} & 3 & 1 & 1 \end{bmatrix}.$$

3.一致性与权向量

由于各因素对目标的判断矩阵为

$$A = \begin{pmatrix} 1 & 2 & 7 & 5 & 5 \\ \dfrac{1}{2} & 1 & 4 & 3 & 3 \\ \dfrac{1}{7} & \dfrac{1}{4} & 1 & \dfrac{1}{2} & \dfrac{1}{3} \\ \dfrac{1}{5} & \dfrac{1}{3} & 2 & 1 & 1 \\ \dfrac{1}{5} & \dfrac{1}{3} & 3 & 1 & 1 \end{pmatrix},$$

可由 MATLAB 程序

$$[V,D] = eig(A)$$

得 A 的最大模特征值

$$\lambda_1 = 5.0721.$$

其归一化特征向量为

$$w = (0.4758, 0.2636, 0.0538, 0.0981, 0.1087).$$

经计算得指标为

$$CI = \frac{(\lambda_{max} - 5)}{(5 - 1)} = \frac{0.0721}{4} = 0.018,$$

$$CR = \frac{0.018}{1.12} = 0.016 < 0.1,$$

从而 A 有满意的一致性.

现给出选择对象对因素的影响矩阵,对因素写出判断矩阵 $B_i (i = 1 \sim 5)$.

y:因素,决策准则:y_1 费用,y_2 景色,y_3 居住,y_4 饮食,y_5 交通.

x:对象,选择方案:x_1 杭州,x_2 泰山,x_3 承德.

$$B_1 = \begin{pmatrix} 1 & \dfrac{1}{5} & \dfrac{1}{8} \\ 5 & 1 & \dfrac{1}{3} \\ 8 & 3 & 1 \end{pmatrix}, \lambda_1 = 3.044, b_1 = \begin{pmatrix} 0.0670 \\ 0.2718 \\ 0.6612 \end{pmatrix},$$

$$\boldsymbol{B}_2 = \begin{pmatrix} 1 & 2 & 5 \\ \dfrac{1}{2} & 1 & 2 \\ \dfrac{1}{5} & \dfrac{1}{2} & 1 \end{pmatrix}, \lambda_2 = 3.00055, \boldsymbol{b}_2 = \begin{pmatrix} 0.5954 \\ 0.2764 \\ 0.1283 \end{pmatrix},$$

$$\boldsymbol{B}_3 = \begin{pmatrix} 1 & 1 & 3 \\ 1 & 1 & 3 \\ \dfrac{1}{3} & \dfrac{1}{3} & 1 \end{pmatrix}, \lambda_3 = 3, \boldsymbol{b}_3 = \begin{pmatrix} 0.4286 \\ 0.4286 \\ 0.1429 \end{pmatrix},$$

$$\boldsymbol{B}_4 = \begin{pmatrix} 1 & 3 & 4 \\ \dfrac{1}{3} & 1 & 1 \\ \dfrac{1}{4} & 1 & 1 \end{pmatrix}, \lambda_4 = 3.009, \boldsymbol{b}_4 = \begin{pmatrix} 0.6337 \\ 0.1919 \\ 0.1744 \end{pmatrix},$$

$$\boldsymbol{B}_5 = \begin{pmatrix} 1 & 1 & \dfrac{1}{4} \\ 1 & 1 & \dfrac{1}{4} \\ 4 & 4 & 1 \end{pmatrix}, \lambda_5 = 3, \boldsymbol{b}_5 = \begin{pmatrix} 0.1667 \\ 0.1667 \\ 0.6667 \end{pmatrix}.$$

故选择对象对决策准则的判别矩阵均具有满意的一致性.

4.综合排序

问题的层次为

$$x \Rightarrow y \Rightarrow Z.$$

y 对目标 Z 有判断矩阵 $\boldsymbol{A}$,其排序权重为

$$\boldsymbol{w} = (w_1, w_2, \cdots, w_5)^{\mathrm{T}},$$

x 对准则 y_j 有判断矩阵 $\boldsymbol{B}_j$,其排序权重为

$$\boldsymbol{b}_j = (b_{1j}, b_{2j}, b_{3j})^{\mathrm{T}},$$

则一致性指标为

$$\mathrm{CI}_j(x) = (\lambda_{j\max} - 3)/(3 - 1).$$

作一致性检验时,设 $\mathrm{RI}_j(x)$ 为 x 对 y_j 的 RI,则 $\mathrm{RI}_j(x) = 0.58$,于是,x 对 Z 的 CI 为

$$CI_Z(\vec{x}) = \sum_{j=1}^{5} w_j CI_j(\vec{x}),$$

x 对 Z 的 RI 为

$$RI_Z(\vec{x}) = \sum_{j=1}^{5} w_j RI_j(\vec{x}).$$

当组合的一致性比率 $CR_z = \dfrac{CI_z}{RI_z} < 0.1$ 时,整个层次的比较判断矩阵具有满意的一致性.

计算组合权向量,若 $\boldsymbol{B} = (\boldsymbol{b}_1, \boldsymbol{b}_2, \cdots, \boldsymbol{b}_5)$,则对象 x 对目标 Z 的排序为

$$\boldsymbol{a} = \sum_{j=1}^{5} w_j \boldsymbol{b}_j = \boldsymbol{B}w = (0.2922, 0.2622, 0.4457)'.$$

综合以上分析,旅游景点的最佳选择为承德,杭州次之,泰山为下选.

参考文献

[1]严喜祖,宋中民,等.数学建模及其实验[M].北京:科学出版社,2017.

[2]袁新生,邵大宏,郁时炼.LINGO 与 EXCEL 在数学建模中的应用[M].北京:科学出版社,2016.

[3]傅海明,孙媛媛.数学建模[M].开封:河南大学出版社,2017.

[4]沈世云,杨春德,刘勇,等.数学建模理论与方法[M].北京:清华大学出版社,2017.

[5]刘红良.数学模型与建模算法[M].北京:科学出版社,2017.

[6]徐茂良,刘睿.数学建模与实验[M].北京:国防工业出版社,2015.

[7]李学文,王宏洲,李炳照.数学建模优秀论文精选与点评[M].北京:清华大学出版社,2017.

[8]汪天飞,等.数学建模与数学实验[M].北京:科学出版社,2017.

[9]林峰,张秀兰.数学建模与实验[M].2 版.北京:化学工业出版社,2016.

[10]陈恩水,王峰.数学建模与实验[M].北京:科学出版社,2016.

[11]章绍辉.数学建模[M].北京:科学出版社,2016.

[12]马知恩,周义仓,等.传染病动力学的数学建模与研究[M].北京:科学出版社,2017.

［13］吴孟达，等．数学建模案例精选［M］．北京：高等教育出版社，2016．

［14］刘峰，周艳群，胡江胜．数学建模［M］．南京：南京大学出版社，2016．

［15］陈华友，周礼刚，刘金梅．数学模型与数学建模［M］．北京：科学出版社，2015．

［16］房少梅．数学建模理论方法及应用［M］．北京：科学出版社，2015．

［17］朱晓峰．数学实验与数学建模［M］．北京：北京理工大学出版社，2016．

［18］汪晓银，周保平．数学建模与数学实验［M］．2 版．北京：科学出版社，2016．

［19］王建，赵国生．MATLAB 数学建模与仿真［M］．北京：清华大学出版社，2016．

［20］沈大庆．数学建模［M］．北京：国防工业出版社，2016．

［21］李德宜，李明．数学建模［M］．北京：科学出版社，2016．

［22］陈晓缘．数学建模［M］．北京：中国财政经济出版社，2014．

［23］姜启源，谢金星．实用数学建模［M］．北京：高等教育出版社，2016．

［24］谭永基，蔡志杰．数学建模［M］．2 版．上海：复旦大学出版社，2016．

［25］王倩，加春燕．数学建模方法与应用［M］．北京：北京师范大学出版社，2016．

［26］侯超钧，吴东庆．数学建模案例与应用［M］．北京：中国农业出版社，2015．

［27］储昌木，沈长春．数学建模及其应用［M］．重庆：西南交通大学出版社，2015．

［28］夏爱生，刘俊峰．数学建模与 MATLAB 应用［M］．北京：北京理工大学出版社，2016．

[29]王涛,刘瑞芹.数学建模[M].北京:煤炭工业出版社,2015.

[30]宋来忠,覃太贵.数学建模常用方法与实验[M].北京:科学出版社,2015.

[31]司守奎,孙兆亮.数学建模算法与应用[M].北京:国防工业出版社,2015.

[32]张世斌.数学建模的思想和方法[M].上海:上海交通大学出版社,2015.

[33]秦新强,等.数学建模[M].北京:科学出版社,2015.

[34]王玉英,史加荣,等.数学建模及其软件实现[M].北京:清华大学出版社,2015.

[35]杨桂元.数学建模[M].上海:上海财经大学出版社,2015.

[36]王庚,王敏生.现代数学建模方法[M].北京:科学出版社,2017.

[37](美)米尔斯切特著;刘来福译.数学建模方法与分析[M].北京:机械工业出版社,2015.

[38]刘来福,黄海洋,等.数学建模实验[M].北京:北京师范大学出版社,2014.

[39]肖华勇.实用数学建模与软件应用[M].西安:西北工业大学出版社,2014.

[40]卓金武.MATLAB在数学建模中的应用[M].2版.北京:北京航空航天大学出版社,2014.

[41]夏鸿鸣,魏艳华,王丙参.数学建模[M].重庆:西南交通大学出版社,2014.

[42]宣明.数学建模与数学实验[M].杭州:浙江大学出版社,2016.